TANBO STAGE

田んぼの生きもの誌

稲垣栄洋　檜 喜八・絵

創森社

妙なる田んぼの協奏～序に代えて～

田んぼはお米を作るための場所です。しかし、田んぼで育まれるのは、イネだけではありません。田んぼには、さまざまな生きものが暮らしています。

農と自然の研究所の調査によると田んぼに暮らす生きものの種類は、五四七〇種にも及ぶといいます。田んぼには命があふれているのです。

田んぼは、人間が作り出した人工的な環境です。それなのに、どうしてこんなにも多くの生きものが田んぼを棲みかとしているのでしょうか。

田んぼが日本の風土によく合った水辺環境であることは、理由の一つです。

日本は雨が多い気候です。また、急峻な地形を駆け下りて流れる日本の河川は、洪水の多い暴れ川でした。そのため、日本の国土は湿地が多く広がっていたのです。この湿地を利用して田んぼが作られたために、湿地に暮らす生きものたちが、田んぼを新たな棲みかとして繁栄を遂げたのです。

また、田んぼには、稲作が日本に伝来してから、何千年という歴史があります。以来、悠久の歴史の中で、田んぼでは毎年毎年米作りが繰り返されてきました。そして、その間、田んぼの環境はずっと安定して維持され続けてきたのです。そのため、生きものたちは、長い時間をかけて「田んぼ」という環境に適応を遂げてきました。そして、生きものたち

は田んぼの営みとともに生きてきたのです。

「めだかの学校」や「夕焼け小焼けの赤とんぼ」に歌われるなつかしい日本の原風景は、人と生きものたちとが長い時間をかけて創り上げてきた調和の産物です。田んぼの自然は、生きものたちの営みの中に人々の暮らしがあり、人々の暮らしの中に生きものたちの営みがあることによって成り立っているのです。

　ですから、田んぼに棲む生きものたちは、人の暮らしと無関係にそこで生きているわけではありません。

　イネを食べてしまう害虫は、人々を困らせる存在でした。イネの害虫はせっかく育てたイネを食べて生育を妨げてしまうのです。そんな困り者の害虫を食べてくれる天敵は、田んぼにとっては重要な存在でした。そのため、害虫を食べるトンボやカマキリ、クモなどは大切に扱われてきたのです。

　そして、田んぼにはイネの生長を願う祈りや、収穫を喜ぶ感謝がありました。そして、生きものたちは自然や神の象徴として、お祭りや季節行事で大切な役割を果たしてきたのです。

　また、田んぼでとれるタニシやドジョウなどは、大切なたんぱく源として食料になりましたし、畦に生えるさまざまな植物は、食用や薬草として摘まれました。あるいは、人の生活の身近な自然である田んぼに暮らす生きものたちは、民話や詩歌の題材となったりしてきたのです。

こうして、人と生きものの関係は、単に田んぼの自然を創り出すにとどまらず、文化や歴史をも創り上げてきました。本書は、そんな田んぼの生きものの暮らしぶりや生態を、人々の暮らしや農村の文化の視点から紹介したものです。

各地で田んぼの生きもの調査が行われるなど、田んぼの生きものを見る機会は増えつつあります。彼らは、動物園や水族館にいる生きものとは異なり、今、まさに私たち人間とともに田んぼの環境を創り出している一員です。本書をお読みいただき、田んぼに暮らす生きものたちの営みと、人々の暮らしとが織り成す物語に思いを馳せていただければ幸いです。

本書は二〇〇八年四月から二〇〇九年三月まで日本農業新聞に連載した「田んぼのたからもの」を改筆し、それに新規の原稿を加えてまとめたものです。連載では、日本農業新聞の北村秀雄さんにお世話になりました。ありがとうございました。

本書の出版にご尽力いただいた、創森社の皆さん、さらに編集関係の方々に深く感謝します。また、楢喜八さんには田んぼの生きものの世界を豊かな筆致で表現いただきました。厚くお礼申し上げます。

二〇一〇年二月

稲垣 栄洋

田んぼの生きもの誌――もくじ

第2章 生きものとイネとの炎天下の競演　69

田んぼの生きものWORLD
●水生生物と昆虫

▲カブトエビは泥底を這うようにして移動

▲カエルを捕らえたタガメの幼虫

▲ホウネンエビが発生する田んぼは
豊作になると言い伝えられている

▲卵を背負ったコオイムシ

▼アカムシ(ユスリカの幼虫)。水中で
酸素を取り込んで呼吸

▲ゲンジボタルは田んぼの水路や山間部
の清流で棲息し、主にカワニナを捕食

田んぼの生きものWORLD

●天敵(益虫)と害虫

写真・稲垣栄洋／北野 忠／松野和夫／栗山由佳子／三宅岳

▲ホソハリカメムシはイネ科雑草に寄生、吸汁

▲水の上を走るコモリグモ

▶害虫のカメムシを捕らえたナガコガネグモ

▲リンゴのようなにおいがするクモヘリカメムシ

▲イネの葉の間に巣を張り、害虫を捕らえるナガコガネグモ

▲見つけると豊作になるといわれるホウネンタワラチビアメバチのまゆ

▼イナゴはイネの害虫だが、昔は貴重なたんぱく源

▼餌を探すコモリグモの仲間

▼シオカラトンボを捕らえたナガコガネグモ

▲田んぼにやってきた赤とんぼ

▲オスとメスがつながったイトトンボ

▲麦わらとんぼの別名を持つシオカラトンボのメス

▼キイトトンボは田んぼや湿地に棲息

▲泳ぎの下手なガムシ

▲コガムシの幼虫

▲ゲンゴロウの仲間の幼虫

田んぼの生きものWORLD

●両生類

◀ニホンアカガエルの繁殖期は1～3月

▲産卵のために田んぼにやってくるアズマヒキガエル

▼ニホンアカガエルの卵塊

▲アマガエルのオタマジャクシ

▲のどをふくらませて鳴くニホンアマガエル

▼音符のように並ぶアズマヒキガエルのオタマジャクシたち

◀▲イモリ(いずれも成体)。成体は田んぼ、池沼などで見られる。幼体はエラ呼吸で水中生活

▲シュレーゲルアオガエル。畦の土中や草陰にいることが多い

第１章

小川や畦道に
春の息吹を感じて

田植えを終えたばかりの棚田

カレンダーには頼らない

タネツケバナ

春は農作業が始まる季節です。田んぼの一年は、田起こしと種モミを水に浸けることから始まります。種モミを川の水に浸けるのは、水を十分に吸水させるとともに、種モミのまわりに含まれる発芽抑制物質を流し出すためです。

こうして水に浸けることで、冬が終わり発芽の季節がきたことを種モミに教えて芽を出させるのです。現在では、種モミの浸水は川ではなく、水槽に浸けます。

春先に水辺に白い花を咲かせるのがタネツケバナです。タネツケバナは、花が咲き終わるとたくさん種をつけるので「種付け花」だと思われがちですが、本当は、イネの種モミを水に浸ける頃に咲く「種浸け花」に由来しています。

こうして昔の人たちは、カレンダーに頼ることなく、野山の生きものの営みに季節を感じていたのです。

昔の人が自然現象を注意深く観察していたのには理由があります。現在、用いられている太陽暦は地球が太陽をまわる周期に基づいています。一方、江戸時代以前に使われていた太陰暦は、月の満ち欠けに基づいていました。そのため、一年間は三五四日となり、三年に一度、一年を十三カ月にして調整したのです。

しかし、それでは同じ月日でも、年によって時期がずれてしまうことになります。そこで昔の人たちは、暦の日にちではなく、花の咲く時期や、山の残雪によって季節を読み取り、農作業を始める目安にしていたのです。

NARA—
KIHACHI

母と子の温かさ

ハハコグサ

三月三日は桃の節句です。桃の節句には、下から緑、白、赤の順に三色の菱餅を重ねます。三色の餅はそれぞれ、健康、清浄、魔よけの意味があるといわれ、白い雪の下に緑が芽吹き、雪の上に桃が咲く情景を表しているとされています。もっとも、三色の餅が飾られるようになったのは明治以降のことで、それ以前は緑と白の二色だったそうです。一般に、緑色の草餅にはヨモギが入れられますが、古くはハハコグサが用いられました。

　ハハコグサは春の田んぼや田んぼのまわりで黄色い花を咲かせる野の花です。花が終わった後の綿毛がほうけだつことから、もともとはホウコグサと呼ばれていましたが、転訛してハハコグサになったとされています。しかし、草全体に白くやわらかな毛が生えているようすは、母と子の温かいイメージによく似合っています。

　葉の細かな綿毛が餅にからまって粘りを出すので、つなぎとして用いられたのが草餅の最初です。ハハコグサを使った「母子餅」は、かつてはひな祭りに欠かせないものでした。ところが、母子を搗《つ》くのは縁起が悪いとされて、いつしか入手しやすく、香りの良いヨモギにとって代わられてしまったのです。

「せり　なずな　ごぎょう　はこべら　ほとけのざ」

　春の七草でハハコグサがごぎょう（御形）と呼ばれるのは、厄よけのために人形（御形）を川に流した、ひな祭りの古い風習に由来すると考えられています。

NARA-
KIHACHI.

ヨモギ

じつは増毛しています

田んぼの畦でヨモギ摘みを楽しむ方も多いことでしょう。ヨモギは野草摘みのもっとも代表的な野草の一つです。

香りの良いヨモギの若葉は、草餅の材料になります。しかしヨモギの葉が草餅に使われるもともとの目的は、色や香りをつけるためではありません。

ヨモギの葉の裏は白く見えますが、これは細かな毛が密集して生えているためです。この毛がからみあって餅に粘りけを出すので、ヨモギの葉はつなぎとして用いられたのです。

ヨモギの原産地は中央アジアの乾燥地帯であったと考えられています。そこでヨモギは、毛を密集させることで通水性を悪くし、葉の裏にある気孔から貴重な水分が逃げるのを防ぐしくみを身につけたのです。

ヨモギの毛を顕微鏡で見ると、一本の毛が途中から二本に分かれています。一本の毛根から何本もの髪の毛を出させる人間の増毛法と同じような方法で、ヨモギも毛の数を多くしているのです。

さらに、この毛はロウを含んでいるので、水をはじき、内側の水分が外に逃げ出さないように工夫されています。

ヨモギの葉の毛を集めたものが、お灸に使うもぐさです。ヨモギの名前は、よく燃える木「善燃木《よもぎ》」に由来するともいわれています。

お灸がロウソクのように時間をかけてじっくりと燃えることができるのも、もぐさがロウを含んでいるためなのです。

!!
NARA-
KIHACHI.

畦道は花の回廊

スミレ・タンポポ・ハハコグサ・ハコベ

ヨーロッパでは、農地のまわりを野草で囲み、生きものの棲みかや通り道にするための、「緑の回廊」を作る計画が進められています。

この緑の回廊、何かによく似ていると思ったら、まさに田んぼのまわりの畦と同じです。畦は本来、田んぼの水をためるためのものですが、さまざまな草花が生えて、カエルやコオロギなど多くの生きものたちの棲みかになります。

春の畦道を眺めてみると、スミレやタンポポ、ハハコグサ、ハコベなど、小さな野の花が咲き競っています。まるでお花畑のようです。

このお花畑は、丹念に行われる草刈りの結果、形作られるものです。

植物の世界では、厳しい生存競争が繰り広げられています。もし草刈りが行われないと、背が高く競争に強い限られた植物だけが生き残ります。そして、小さな草花は生えることができません。

畦の草刈りは、一見すると植物を刈って自然を破壊しているようにも見えますが、背の高い植物がはびこるのを抑えるので、背の低いさまざまな植物がそこで暮らすことができるようになります。

不思議なことに、草刈りの時期ややり方によって、草花の種類は変わります。草刈りの違いによって生じる多様な環境が、多様な植物の生存環境を創り出すのです。

こうして、田んぼのまわりの花の回廊は、草刈りという農作業によって、育まれているのです。

NARA KIHACHI.

古代へタイムトラベル

スギナ（ツクシ）

　春になると、田んぼの畦に、つくしんぼがいっぱい生えてきます。

　かわいらしい「つくしんぼ」は子どもたちに人気があります。摘んだツクシは卵とじなどで食べることができます。春の風物詩であるツクシは、手軽な野草料理の材料として親しまれています。

「つくし誰の子　すぎなの子」と歌われるように、ツクシとスギナとは地面の下の地下茎でつながっていて、同一の植物です。ただし、童謡の歌詞にあるようにツクシはスギナの子どもではありません。スギナはシダ植物なので、種子ではなく、胞子で繁殖します。ツクシはこの胞子を作る胞子茎《ほうしけい》で、ふつうの植物では種子を作る花に相当する器官なのです。

　スギナは、原始的な植物なので、茎と葉とがはっきり分化していません。葉のように見える細く分かれた枝は茎と同じ構造をしています。スギナを節の部分で抜いて、元の位置に挿して「どこどこ継いだ？」と当てっこをする遊びがあります。スギナの名はこの「継ぎ菜」に由来するともいわれています。

また、ツクシでもスギナと同じように節のところで継いで当てっこします。そのため、ツクシにはツギクサやツギツギホウシなどの別名があるようです。

実際には、ツクシの節のところにある、はかまの部分こそが葉に相当する部分です。

　スギナの仲間の植物は、およそ三億年前の石炭期に大繁栄しました。当時は高さ数十メートルにもなるほどの巨大なスギナの仲間が立ち並び、森をつくっていたそうです。畦に生えそろったツクシの森を眺めていると、まるで、タイムマシンで古生代の森に迷い込んだような気分になります。

畦道は薬屋さん

キランソウ・ゲンノショウコ・チドメグサ

畦道に紫色の花を咲かせるキランソウは、別名を「地獄の釜のふた」といいます。小さくかわいらしい花には似つかわしくない恐ろしげな別名ですが、じつは、キランソウはさまざまな薬効のある薬草として知られているのです。そのため、地獄へ行く釜にふたをして病気を治すという意味で、そう呼ばれるようになりました。

地域によってはキランソウがあれば医者が必要ないという意味で「医者殺し」の別名もあるほど、万能の薬草です。

ピンク色や白色の小さな花を咲かせるゲンノショウコも下痢止めとして知られる薬草です。飲むとたちどころに治ってしまうので、実際の証拠という意味で「現の証拠」と名づけられました。

畦道に生えるチドメグサは血を止める「血止め草」に由来します。また、ドクダミは毒を消す意味の「毒矯み」に由来して名づけられました。

このほかにも、多くの植物がさまざまな薬効を持っています。しかし、どうして植物が私たちの病気や怪我を治す成分を持っているのでしょうか。

動けない植物は、環境に適応したり、病害虫から身を守るために多機能な成分をたくさん持っています。これが、人間の体内でさまざまな働きをするのです。

また、植物の成分を異物と判断した人間の体は、これを代謝するために、体内のさまざまな活動を活性化させます。こうして植物の薬効が発揮されるのです。

名付け親は子どもたち

タンポポ

考えてみると、タンポポというのは、ずいぶんとかわいらしい名前です。

タンポポの語源は、諸説あります。綿毛がほうけることから、「田菜ほほ」に由来するという説や、大名行列に使われたたんぽ槍に形が似ているからという説もありますが、もっとも有力な説では、「タン・ポンポン」という鼓を打つ音に由来すると考えられています。

タンポポの茎の両端を切って、切り口に切れ込みを入れて水に浸けると、切れ込みが丸く反り返ります。昔の子どもたちは、それに軸を通して風車や水車を作って遊びました。この両端が反り返った形が鼓に似ていることから、鼓の音が名前の由来となったのです。

タンポポには外国からやってきた外来のタンポポと、昔から日本にある日本タンポポとがあります。

外来タンポポは都会を中心に勢力分布を広げていますが、田園地帯には日本タンポポが見られます。

外来タンポポは一年中、花を咲かせるのに対して、日本タンポポは春にしか咲きません。夏になると背の高い植物が生い茂ります。そのため、日本タンポポは、夏になると自ら葉を枯らして、根だけ残して夏眠してしまうのです。

日本タンポポは、日本の四季に合わせた生存戦略を身につけています。一方、繁殖力の旺盛な外来タンポポも、日本の自然が豊かな場所には生えることができないのです。

NARA
KIHACHI.

田んぼと畑では暮らしが違う

スズメノテッポウ

春の田んぼ一面にスズメノテッポウの穂が揺れています。

スズメノテッポウは別名を「ピーピー草」といいます。穂を引き抜いた茎を口にくわえて息を吹き込むと、ピーピーと音が鳴る草笛になるからです。

スズメノテッポウは葉の付け根に葉舌《ようぜつ》と呼ばれる薄く長く伸びた膜があります。この膜が振動して音源となるのです。

それにしても、たった一本の野の草を、遊び道具に変えてしまう昔の子どもたちの観察眼には驚かされます。

スズメノテッポウは畑にも見られますが、田んぼに生えるものと、畑に生えるものは、違った性質を持っていることが知られています。

畑に生えるスズメノテッポウは、小さな種子をたくさんつけます。また、発芽の時期がばらばらです。

一方、田んぼに生えるスズメノテッポウは、種子が比較的大きく、一斉に発芽します。

畑はいつ耕されるか決まっていない予測不能な環境です。そのため、発芽時期の異なる小さな種子をたくさん作り、生き残りをはかるのです。

一方、田んぼは耕す時期が毎年決まっています。そのかわり、田んぼが耕されて稲作が始まるまでに急いで種子を残さなければなりません。そのため、田んぼのスズメノテッポウは、大きな種子が一斉に芽生えて、すばやく生長を遂げるのです。

こうして、スズメノテッポウは田んぼの作業に適応した暮らしを送っているのです。

血のにじむ努力で共に生きる

レンゲ

春の田んぼにはピンク色のレンゲのじゅうたんが広がります。

レンゲの種は、秋の稲刈り前の田んぼにまかれます。田んぼでレンゲを育てるのは、花を楽しむためではなく、土の中にすき込んで肥料にするためです。

レンゲの根っこを掘り出してみると、小さな白いコブがたくさんついています。これは根粒と呼ばれるもので、中には根粒菌というバクテリアが住んでいます。

根粒菌は大気中にある窒素を取り込んで栄養分にする能力を持っています。この根粒菌が根の中にいるお陰で、レンゲは土の中の窒素分が少なくても育つことができます。そして、根粒菌にもらった窒素で育ったレンゲをすき込むことで、土の栄養分が豊かになるのです。

レンゲが根粒菌との協力関係を築くには深刻な問題がありました。根粒菌が窒素を取り込むには酸素呼吸で作り出したエネルギーが必要です。ところが、窒素を取り込むのに必要な酵素は酸素があると働きません。つまり、酸素がなくてもあっても困ってしまうのです。

そこでレンゲは、酸素を自在に運搬できるレグヘモグロビンを手に入れました。これは人間の血液中で酸素を運ぶヘモグロビンによく似た物質です。

そのため、レンゲの根粒を切ってみると、血がにじんだようにうす赤色に染まります。これがレムヘモグロビンです。まさに血のにじむ努力によって、レンゲは根粒菌との共生を実現したのです。

エンジンで鳥寄せの術

ムクドリ・サギ類・カラス

昔は狩猟のために、鳥の鳴き声に似せた笛を使って、鳥を集めました。「鳥寄せ」です。

ところが不思議なことに、笛など使わなくても、耕運機のエンジンをかけるだけで、ムクドリやサギ、カラスなどたくさんの鳥たちが群がってきます。まさに鳥寄せの術さながらです。

どうして鳥たちは、耕運機の音に集まってくるのでしょうか。

じつは、耕運機で土を起こすと、土の中に潜んでいたミミズやカエル、ザリガニなどが掘り起こされます。鳥たちは、それを餌にするために、集まってくるのです。

公園のコイが手をたたくと集まってくるのと同じように、鳥たちは、耕運機のエンジン音が、餌にありつくための合図であることを学習しているのです。

耕運機の後をついて鳥たちが舞う風景は、豊かな農村の自然の象徴です。また、田んぼにやってくる鳥たちには害虫や雑草の種子を食べてくれる役割もあります。しかし一方で鳥は、人間がせっかくまいた種子を食べてしまったり、稲穂や野菜をつついてしまう悪さもします。

そのため昔は、田畑を鳥から守り、豊作を祈るために、小正月に鳥追いの行事を行いました。そして、鳥追いの歌を歌ったり、太鼓や拍子木を打ち鳴らしながら家々を回ったりしたのです。

もっとも、鳥追いの行事はお酒を飲んだり、ごちそうを食べる日でもありました。昔の人たちは、田んぼの鳥を上手に利用して、楽しみに変えていたのかもしれません。

NARA KIHACHI.

サクラが咲いたら

サクラ

昔の人は、田んぼの神様は春になると山から里へ下りてくると考えていました。

そして、山から降りてきた田んぼの神様が腰をかけたのがサクラの木です。

早苗《さなえ》や五乙女《さおとめ》、さなぶり、などの言葉があるように、「サ」は、田んぼの神様を意味する言葉です。

これは「田《た》の神」が転じて「さの神」となったといわれています。

サクラは、田んぼの神様である「さ」が座るところ、「くら」という意味から名づけられたといわれています。

冬の間、枯れていたかに見えた枝いっぱいに咲き誇るサクラの花に、昔の人々は生命の息吹を感じ、人智を超えた神様の存在を感じたのかもしれません。

春の訪れを告げるサクラが咲くと、いよいよ田んぼの一年が始まります。「種まき桜」や「苗代桜」という呼び名が各地に残っているように、昔はサクラの開花は田んぼの作業を始める目安とされてきました。

そして、サクラの花の咲く頃になると、田んぼの神様を迎えるために、サクラの花の下で酒盛りをしました。こうして春の到来を喜び、豊作を祈ったのです。

そして同時に、この行事はこれからの農作業に向けて団結をはかり、英気を養うものでもあったのでしょう。

これは、まさに現代のお花見です。サクラの花に浮かれるのは、昔も今もまったく変わらないのです。

NARA-
KIHACHI.

田んぼに咲く山の花

サツキ

五月のことを「皐月《さつき》」ともいいますが、旧暦の五月に咲く遅咲きのツツジはサツキと呼ばれます。

花のサツキは、もともと、五月に咲くツツジという意味でサツキツツジと呼ばれました。

また、サツキのことをサツツジと呼ぶこともあります。サツツジの「さ」とは、どういう意味なのでしょうか。

サクラ（30ページ）で紹介したように、「さ」には田んぼの神様という意味があります。サツツジは田んぼの神様が関係しているのです。

そもそも、五月を意味する皐月も、田植えを行う月であることから、そう呼ばれるようになりました。

ツツジは漢字では「躑躅」と書きます。躑躅とは、もともとは「前に進まず、たたずむ」という意味です。そのため、躑躅の漢字には足偏がついているのです。

躑躅の語源は諸説ありますが、一説には、ツツジは「田んぼの神様がたたずむ木」という意味に由来するともいわれています。

昔は、苗代田や本田の水口に、サツキツツジの枝を挿しました。田んぼの水は山から流れてきます。そして、田んぼの神様は春になると山から田んぼへとやってきます。

そのため、山からとってきたサツキツツジの枝を田んぼに挿して田の神を招き、イネの生長を守ってもらったのです。

神聖な木の末路

スギ

スギの葉をイネの苗に見立てて、田植えの真似をする庭田植えという行事があります。また、田んぼの水口に、豊作を祈ってスギの枝を挿すことがあります。スギは冬の間も緑を保ち、まっすぐ天に向かって伸びて大木になることから神聖な木とされてきました。

また、材質がやわらかく加工しやすいスギは、昔からさまざまに利用されてきました。古代田んぼの遺跡では、畦を押さえるために用いられたスギの畦板が見つかっています。

スギとお米とは深い関係にあります。米を原料とする日本酒をつくる酒樽も、スギの木から作るのです。そのため、新酒を仕込むと、造り酒屋の軒先にはスギの葉を丸めた杉玉を飾りました。

戦後、物がない時代に田んぼでは食糧をまかなうためにお米の増産が行われました。そして、山には木材を供給するために盛んにスギが植えられたのです。ところが、時代は変わり、田んぼでお米が余るようになりました。そして、木材も輸入に頼るようになり、山に植えたスギは放っておかれるようになったのです。

田んぼや畑の作物の栽培と同じように、スギを育てるにも、間引きしたり、枝を払ったり、大きくなった木を切り出したりしなければなりません。

ところが、管理されないスギの木の林は荒れ果ててしまいました。そして、森の中で生存の危険を感じとった青息吐息のスギの木は、子孫を残すために、たくさんの花粉を飛ばしているのです。

この花粉が都会まで飛来して、人々に花粉症をもたらしているのです。

水神の申し子

タニシ

田んぼはイネを育てる場所ですが、田んぼでとれるのはお米ばかりではありません。

昔は、食用にするために、田んぼでタニシをとったり、ドジョウやフナなどの魚をとったりしました。田んぼは漁労の場でもあったのです。タニシは和え物や佃煮にしたり、味噌汁に入れたりして食べました。

食用にされる一方で、タニシは水神の使いといわれていて、火事を防いだり、日照りのときに雨を呼ぶなどの伝承があります。

昔話の『たにし長者』も水神が関係しています。子どものいない夫婦が水神様にお願いすると、人間ではなくタニシが生まれました。息子として育てられたタニシの評判を聞きつけた長者が、タニシを娘の婿にします。

お祭りの日のこと、娘が田んぼの脇にタニシの婿を置いてお参りに行って戻ってみると、婿さまがいません。必死になって田んぼの中を探していると、傍らから立派な若者に姿を変えた婿が現れるという話です。

桃太郎や一寸法師など、昔話には不思議な子どもが生まれる話が少なくありませんが、タニシがそのまま生まれるというのは、何とも奇妙です。

タニシは他の貝のように卵を生むのではなく。親貝の胎内で卵をかえし、タニシの形をした子ども貝を産む卵胎生を行います。『たにし長者』の物語は、そんなタニシの性質に由来しているのかもしれません。

アナタ……
……!!
NARA KIHACHI.

田んぼの泥の恵み

ドジョウ

豊かな自然や美しい風景を持つ棚田の価値が見直される中で、荒れてしまった棚田を復田する活動も見られます。

復田された棚田の一番高い田んぼにドジョウがいました。いったい、どこからやってきたのでしょうか。

昔の人は、ドジョウは泥から生まれると考えていました。ドジョウの名は「泥生」に由来するといわれています。

とはいえ、棚田に現れたドジョウが自然にわいたわけではありません。ドジョウは他の魚に比べて遡上能力が高いことが知られています。おそらく棚田のドジョウは、わずかな水の流れを伝って一番上の田んぼまで上ってきたのです。

ドジョウはえらで呼吸をするだけでなく、腸呼吸や皮膚呼吸をすることができます。そのため、湿った場所であれば地面の上を進むこともできるのです。ドジョウが溶存酸素（水中に溶け込んでいる酸素）の少ない田んぼの泥の中で暮らすことができるのも、腸呼吸できるためです。

田んぼでたくさんとれるドジョウは古くから食用にされてきました。ドジョウの捕り方は、ザルですくったり、竹で編んだ筌《うえ》を仕掛けるだけではありません。ドジョウは泥の中で冬眠をするので、冬の間は、鍬《くわ》で掘り起こして、ドジョウを掘りました。

田んぼは単にお米だけをとる場所ではありません。かつては、コイやフナ、ナマズなどの魚をとる場所でもあったのです。

お米だけでなく、魚もとれる田んぼは、何とも恵み豊かな感じがします。

ZZZ……
ZZZ……
NARA-KIHACHI

幻の「学校」どこに？

メダカ

「めだかの学校は　川のなか」

童謡「めだかの学校」に歌われた春の風景。しかし、この風景が失われつつあります。昔はどこにでもいたはずのメダカが、現代では絶滅危惧生物に指定されているのです。

メダカを見つけたという目撃情報の多くは他の魚の見間違いだそうです。メダカは人知れず幻の魚になりつつあるのです。

童謡に歌われたメダカの学校の生徒たちは、おそらくは大人のメダカです。実際には、メダカの子どもたちは田んぼの中にいるのです。

メダカは春になると、小川から田んぼの中に入って卵を産みます。田んぼの中は流れもゆるく温かいので、小さなメダカの子どもたちが育つのにちょうどいいのです。

メダカの英名は「ライスフィッシュ（稲の魚）」といいます。また学名の「オリジアス」はイネの学名「オリザ」に由来しています。まさにメダカは田んぼの魚といえます。

ある研究によると、峠を隔てた地域で同じ遺伝子型のメダカが見つかる例があるようです。これは昔の人が峠を越えてイネの苗を運んだときに、いっしょにメダカの卵が運ばれたとも、考えられています。

これほどまでに、メダカは人の暮らしと密着していました。そして、失われつつあるのはメダカだけではありません。童謡には、小川のメダカをのぞき込む生き生きとした子どもたちの姿が歌われています。こののどかな風景は、今どこへいってしまったのでしょうか。みんな、幻になってしまったのでしょうか。

NARA KIHACHI.

消えゆく春の小川

コウホネ

河骨川の「河骨」というのは、黄色い花を咲かせる水草です。太くて白い根茎が骨に見えることから、そう名づけられました。しかし、コウホネの咲く小川は、もう日本中探してもほとんどありません。

「春の小川」の三番では、こんな光景が歌われています。

「春の小川は　さらさら流る　歌の上手よ　いとしき子ども　声をそろえて　小川の歌を　うたえうたえと　ささやく如く」

失われているのは小川や植物だけではありません。小川のほとりで遊ぶ子どもたちののどかな姿さえ、今は昔の風景になりつつあるのです。

「春の小川は　さらさら行くよ　岸のすみれや　れんげの花に　すがたやさしく　色うつくしく　咲けよ咲けよと　ささやきながら」

田んぼに水を引くために、田んぼの横には小川がつくられました。そして、水がたまった田んぼと、水が流れる小川の二つの水環境は、さまざまな生きものの棲みかとなったのです。

冒頭の童謡「春の小川」に歌われる風景は、昔はどこにでも見られました。しかし、今やそんな春の風景は、私たちの身のまわりから失われつつあります。

そもそも童謡の舞台となったこの小川でさえも、今はもうありません。この川は東京都渋谷区代々木にあった「河骨川《こうほねがわ》」です。渋谷の街の中に、こんなにものどかな春の小川が流れていたのです。

太らせた君が好き

チガヤ

チガヤの花穂はつばなと呼ばれて親しまれています。銀色に光るやわらかな穂が、一面に風になびく光景は壮観です。群生することから、チガヤのチは「千」に由来するともいわれています。

　夏が近づくと、熟した穂が綿のようにほぐれて風に飛ばされます。こうしてチガヤは、風に乗せて種を飛ばすのです。チガヤの穂を飛ばしながら夏に先駆けて吹く湿った南風が「つばな流し」と呼ばれるものです。

　チガヤは漢字で「茅」と書きますが、草冠に武具の矛と書くのは、このとがった葉の形に由来しています。とがった葉が邪気を防ぐと信じられていて、昔は魔よけに用いられました。夏越しの大祓《おおはらえ》のためにくぐる神社の大きな「茅の輪」は、チガヤの葉から作られます。また、端午の節句に食べる粽《ちまき》はもともと、チガヤの葉っぱで餅を包んだため、「茅巻き」になったそうです。

　チガヤの若い花穂は甘みがあるので、昔の子どもたちはこれをしゃぶっておやつ代わりにしました。若い穂ばかりでなく、根茎や茎にも甘みがあります。じつは、チガヤは砂糖の原料となるサトウキビに近い仲間の植物なのです。

『万葉集』に「わけがため我が手もすまに春の野に抜けるツバナそ食して肥えませ」という歌があります。「あなたのために手を休めずに摘んだツバナを食べて、どうぞ太ってください」という意味です。

　現代なら恋人に張り倒されそうですが、昔は、甘いものを食べて太ることが最高のぜいたくだったのかもしれません。

幸福を招く鳥

ツバメ

ツバメのさえずりは「土食って虫食ってしぶ〜い」と聞きなしされます。とはいっても、もちろん土を餌にしているわけではありません。

ツバメはせっせと田んぼにやってきては、泥をくわえて飛んでいきます。

この泥とわらや枯れ草を唾液で固めて、巣を作るのです。わらを芯材にして土を塗るのは、人間の家の土壁と同じ作り方です。

ツバメが巣を掛けた家には福が訪れるといわれています。ツバメは田んぼの上を飛んでは、イネの害虫を食べてくれる益鳥です。そのため昔の人は、ツバメが巣くうことを歓迎したのです。

ツバメもそれを知ってか、玄関先など人の行き来がある場所を好んで巣を作ります。人のいる場所に巣を作ることで、イタチやカラスなどの天敵から大切なひなを守ることができるからです。

毎年、当たり前のようにやってくるツバメですが、よくよく考えてみれば、何千キロも離れた東南アジアから、海を越えて飛んでくるのですから、並大抵のことではありません。

小さな体のどこに、それだけの体力があるのでしょうか。

地図もコンパスもなしにどうやって元の巣に戻ってくるのでしょうか。本当に不思議です。

家の軒先にやってきたツバメには、冒険に満ちたドラマがあったはずです。そう思うと、はるばるやってきたツバメは、やはり幸福を運んできてくれるような気がします。

NARA-
KIHACHI.

命のスープ

ミジンコ・ホウネンエビ・カブトエビ・カイエビ

水の入れられた田んぼをのぞいてみると、小さなけし粒のようなものが、動いています。ミジンコです。

田んぼは有機物などの栄養分が豊富にあるので、ミジンコなどの微生物が、たくさん発生します。

はるか三五億年前、この地球に最初に誕生した生命は、栄養分豊かな海に生まれた小さな微生物でした。田んぼの水の中に生まれる小さな命の営みは、そんな太古の地球を連想させます。

ルーペや顕微鏡でミクロの世界を見てみると、ミジンコなどの微生物は、とても奇妙な形をしています。まるでSF映画に登場する地球外生物のようです。

ミジンコは漢字で「微塵子」と書きます。その名のとおり、小さな小さな存在です。

しかし、ミジンコを餌にメダカやドジョウ、ヤゴなどのさまざまな生きものが育まれます。小さなミジンコは、田んぼの豊かな生態系を支える大きな存在なのです。

やがて、水の入った田んぼでは、生きた化石たちも眠りから目を覚まします。ホウネンエビやカブトエビ、カイエビは、太古から変わらぬ姿をとどめる生きた化石です。彼らは、水を得ると卵からかえります。そしてわずかな期間に田んぼの水の中で成長し、再び土の中に卵を残すのです。

水は命の源。水の入った田んぼは、まさに命の不思議さに満ちあふれた小宇宙です。

そして、この命豊かな小宇宙で、イネもまたすくすくと育っていくのです。

砂漠出身の田んぼ暮らし

カブトエビ

田んぼに水が入ると、卵からカブトエビがかえります。カブトエビは天然記念物のカブトガニと名前が似ていますが、まったく別の種類です。カブトガニはクモに近い仲間です。これに対して、カブトエビはエビではありませんが、どちらかというとエビに近い仲間なのです。

カブトエビは泥の上を這い回り、泥をかき混ぜることで、芽が出たばかりの雑草を浮き上がらせ、雑草の発生を防ぎます。そのため、カブトエビは「田の草取り虫」とも呼ばれています。

しかし、しばらくするとカブトエビは田んぼから姿を消してしまいます。

じつは、カブトエビは大正初期に日本で発見された外来種で、もともとは砂漠の環境に暮らす生きものです。砂漠地帯では、雨が降って水たまりができると卵からかえります。そして、水が干上がるまでの短い期間に成長し、次の世代の卵を産んで、短い一生を終えるのです。

そのため、田んぼでも水が入ると卵からかえり、短い期間で田んぼからいなくなってしまいます。そして、産みつけられた卵は、じっと次の春を待つのです。

海に棲むカブトガニは古生代に活躍した三葉虫とも近縁で、生きた化石として有名ですが、田んぼのカブトエビも何億年も前から、姿かたちが大きく変化していない生きた化石です。

稲作の起源は中国南部に始まり、その歴史は一万年にも及ぶといわれています。しかし、カブトエビは田んぼが始まるずっと前から、こうして命をつないできたのです。

豊作の予感

ホウネンエビ

田植えが終わったばかりの田んぼにゆらゆらと泳いでいるのは、ホウネンエビです。

よく見ると、その泳ぎ方は腹側を上にした背泳ぎで、上に向いた足を忙しそうに動かしながら泳いでいます。そのようすは、なかなかユーモラスです。

その優雅な姿から、江戸時代には田金魚と呼ばれて金魚屋さんで売られていました。現代ではホウネンエビの仲間は、シーモンキーの名称で飼育セットが販売されています。

ホウネンエビは「豊年蝦」と書きます。ホウネンエビが発生した田んぼは米が豊作になるといわれ、この名前がつけられました。

言い伝えの真偽はわかりませんが、ホウネンエビはプランクトンなどを餌にするため、有機物が多く栄養が豊富な田んぼに多く発生します。化学肥料のなかった昔は、ホウネンエビは田んぼの栄養分の豊かさを表す指標だったのかもしれません。

豊年蝦に対して、豊年虫もいます。

オオシロカゲロウに代表されるカゲロウ類は、時に一斉に羽化して大発生します。これは、豊年虫と呼ばれて、豊作の吉兆であるとされているのです。

カゲロウの仲間の幼虫は水の中に棲んでいますが、水の中の栄養分が豊富だと羽化した成虫が大発生するのです。

近年では、汚れた都会の河川で大発生して、交通麻痺を引き起こす現象ですが、肥料分や洗剤などのない昔は、栄養豊富な水は、イネを育てる効果があったのかもしれません。

赤ガエルと青ガエル

ニホンアカガエル・シュレーゲルアオガエル

冬の間、多くの生きものたちは土の中や落ち葉の下で冬越しをしています。

ところが、カエルたちが冬眠しているはずの静かな冬の夜に、田んぼからカエルの声が幻のように聞こえます。この声の主はニホンアカガエルやヤマアカガエルなど赤ガエルの仲間です。満天の冬の星空の下で聞くカエルの声はとても幻想的です。

赤ガエルは寒さに強い冬のカエルです。まだ春にならないうちから、田んぼに卵を産みつけます。冬の夜に産みつけられたゼリー状の卵塊は、寒い日には氷の下に見られることもあります。

さて、春になり赤ガエルの卵がオタマジャクシになる頃、田んぼでは「コロロ・コロロ」と高く澄んだ声が聞こえます。この声の主はシュレーゲルアオガエルという青ガエルです。

カエルの合唱というと夏の夜を思い出しますが、やわらかな陽射しが降りそそぐ春の田んぼに響く青ガエルの優しい鳴き声は、とてものどかな音の風景です。

シュレーゲルアオガエルは、畦の土の中に潜んでいるので、声が聞こえても、なかなか姿を見つけることはできません。畦の土の中に白い泡状の卵を産みつけます。

冬の赤ガエルと春の青ガエルは、冬や春の間も湿った田んぼを好みます。ところが最近では、乾いた田んぼが多くなり、赤ガエルや青ガエルが卵を産める環境は減りつつあります。

カエルの声が聞こえる冬や、春の田んぼの風景も大切にしたいものです。

!?
NARA KIHACHI.

消えゆく音の風景

ニホンアカガエル・ツチガエル・トノサマガエル・ダルマガエル

田んぼに水が入ると、カエルの合唱が始まります。

以前にアンケート調査をとったところ、半分くらいの人がカエルの声を季節の風物詩として歓迎している一方で、半分くらいの人はカエルの声を騒音だと感じていました。

だからといって気兼ねしているわけではないのでしょうが、最近では田んぼで鳴くカエルの声も、めっきり小さくなってしまったような気がします。

田んぼにはさまざまなカエルが棲んでいますが、昔はどこにでもいたアカガエルやツチガエル、トノサマガエル、ダルマガエルなどは、田んぼの減少や環境の変化によって、だんだんと姿を見る機会が減ってしまいました。

明治時代に書かれたカレーライスのレシピには、材料として牛肉でも豚肉でもなく、アカガエルの肉を使うと書いてあります。それほどありふれていたはずのアカガエルが、今では絶滅が心配されるまでに減少しているのです。

カエルの減少は田んぼだけではなく、地球規模で起こっています。水と陸の両方を必要とするカエルに必要な、豊かな水辺環境が失われてきています。また、カエルは皮膚呼吸するために、酸性雨や水の汚れ、オゾン層の破壊による紫外線などの影響を真っ先に受けてしまうのです。

カエルにはずいぶんと棲みづらい世の中のようですが、環境破壊は人類にとっても深刻な問題です。そう考えると、懸命に鳴くカエルたちの合唱は、何だか人類への警鐘のようにも聞こえてきます。

NARA-
KIHACHI.

それでも誰かに食べられる

オタマジャクシ

春の田んぼには、オタマジャクシがたくさんいます。

詩人の草野心平は、ＱＱＱＱとアルファベットのＱを集めた模様のような「天気」という詩を作りました。

あるいは、楽譜の音符のことを「おたまじゃくし」ということがあります。

丸い体から尾っぽが出ただけのオタマジャクシのユニークな格好は、さまざまなものに譬えられました。

そもそもオタマジャクシという名前が、汁物をすくうときに使う「お玉杓子」に由来しています。

ところで不思議なことがあります。

昔の食生活は動物性たんぱく質が少なかったため、田んぼの生きものはたんぱく源として利用されてきました。春の田んぼではドジョウやタニシをとりましたし、メダカも食べられました。夏はフナやナマズなどの魚はもちろん、カエルも食用になりました。ゲンゴロウやタガメ、イナゴなどの昆虫さえ、食用にされたのです。

それなのに、豊富にいるオタマジャクシは、どうして食用にされなかったのでしょうか？

オタマジャクシはちょうど田植えの頃に成長して、夏にはカエルになってしまいます。もしかすると、この季節の人間は田植えや田の草取りで忙しく、オタマジャクシをつかまえている暇がなかったのかもしれません。

もっとも、人間の食用を逃れたオタマジャクシですが、サギなどの鳥や、ゲンゴロウなどの水生昆虫にはこぞって餌にされ、生態系を支えています。

NARA
KIHACHI.

蛙の子は蛙？

オタマジャクシ

「蛙の子は蛙」という諺があります。

しかし、少し奇妙な気がします。カエルの子どもはカエルではなく、オタマジャクシなのではないでしょうか？

この諺の意味は、オタマジャクシは、親とは違う姿をしていても、結局はカエルになる。小さいときは神童だと思っても、結局、「瓜の蔓《つる》に茄子《なすび》は生らぬ」という意味なのです。

それでは、これはどうでしょうか。

よく、陶器の置物で親ガエルの背中に子ガエルが乗っているものがあります。子どものカエルなんているのでしょうか。

これは親子ではなく、オスのカエルとメスのカエルを模したものです。

カエルは体の小さいオスが、体の大きいメスに後ろからしがみついて交尾をしますが、このようすが、あたかも小さなカエルをおんぶしているように見えるのです。

もっとも、カエルの子はオタマジャクシですが、子どものカエルがいても、おかしくはありません。オタマジャクシに足が生えてカエルの姿になっても、まだ大人になったわけではありません。この小さなカエルは、まだ卵を産めない子どもなのです。この子ガエルが数年かけて成長し、大人になります。

生まれてわずか数カ月のオタマジャクシは、いわばカエルの赤ちゃん。やはり「蛙の子は蛙」なのです。

母
父
子
NARA
KIHACHI.

アメリカから来た田んぼのギャング

アメリカザリガニ

　アメリカザリガニは泥の中に穴をあけて棲息します。そのため畦に穴をあけて、田んぼの水を抜いてしまうのです。

　また、土を掘ってイネの苗の根を切ってしまうこともあります。こんな傍若無人な振る舞いからアメリカザリガニは「田んぼのギャング」とあだ名されています。

　アメリカザリガニはもともと、ミシシッピ川流域が原産です。昭和初期に養殖していた食用ガエル（ウシガエル）の餌として日本に輸入されたものが、逃げ出して各地に広がりました。

　アメリカザリガニのことをマッカチンと呼ぶことがあります。これは体の色が真っ赤だからではなく、戦後、日本を占領したＧＨＱのマッカーサーに由来します。アメリカからやってきて猛威を振るう見慣れないアメリカザリガニに、人々は当時の占領軍を重ね合わせたのです。

　しかしアメリカザリガニも、今となってはどこにでも見られるありふれた生きものになりました。あたかも、戦後日本に入ってきたアメリカ文化が、すっかり当たり前のものになったのによく似ています。

　子どもたちには、ザリガニ釣りが人気です。糸の先にするめや竹輪などの餌をつければ、誰でも簡単に遊ぶことができるのです。ちなみに昔の子どもたちはカエルの足などを餌にしました。

　また、田んぼの生きものが減り行く中で、サギなどの鳥はアメリカザリガニを餌にしています。どうやら外来種のアメリカザリガニも、新天地でそれなりの役割を担いつつあるようです。

わっ
NARA KIHACHI

おケラでバンザイ

ケラ

田んぼに水が入れられると、追い出されたケラが、あわてて逃げていきます。

ふだんは土の中で暮らしているケラですが、水の上を泳ぐこともできるのです。そればかりか、羽を広げて飛ぶこともできます。まさに陸と水と空を制覇した昆虫なのです。

しかし、いずれの能力も上手でないと評されて、昔の人は多芸ながら秀でた芸がないことを「けら芸」と、ケラにたとえてバカにしました。

ケラは穴を掘るために、シャベルのような大きな前足を持っていて、手でつかまえると、まるで土の中にもぐっていくときのように前足をいっぱいに広げて逃げようとします。まるでバンザイをしているようなこの姿が、「お手上げ」を連想させることから、一文無しになることを「おけらになる」というようになりました。

また、昔の子どもたちはケラをつかまえては「あなたの家はどのくらいお金ある?」「お前のちんちんは、どれくらい?」と問いかけて遊びました。そのたびケラは前足を広げて「これくらい」と答えるのです。

ケラはコオロギの仲間で、英語では「モグラコオロギ」と呼ばれています。飛ぶ羽とは別に鳴くための羽を持っていて、コオロギと同じように鳴くこともできるのです。

地中のトンネルに反響して聞こえる鳴き声は、とても不思議な音色です。昔の人は地面の下から聞こえる鳴き声をミミズが鳴いているのだと考えていました。人知れぬケラの一芸です。

オテアゲ〜
NARA-KIHACHI.

赤い腹にドキドキ

イモリ

田んぼの水の底にイモリが潜んでいます。よく見ると、田んぼの中には小さなイモリの赤ちゃんも泳いでいます。

イモリはカエルと同じ両生類なので、卵からかえった赤ちゃんはオタマジャクシです。

ただし、イモリのオタマジャクシのほうがカエルのオタマジャクシよりも細長いのが特徴です。また、首のまわりには水中呼吸するためのえらがついています。

ほかにも違いがあります。カエルのオタマジャクシは後ろ足から先に生えますが、イモリのオタマジャクシは前足が先に生えてきます。足が生えてもしばらくはえらが残っているので、子どものイモリはウーパールーパーのような姿です。

イモリは別名を「赤腹」というように、お腹が赤いのが特徴です。毒々しい赤い色で目立たせているのは、毒があるから食べないようにと天敵に警告しているためです。そのため、敵に襲われるとしきりに赤い腹を見せます。

イモリには実際に毒があります。イモリの毒は微量ですが、毒成分はフグと同じ猛毒のテトロドトキシンです。

昔からイモリの黒焼きはほれ薬として有名です。効き目のほどは定かではありませんが、イモリはオスが盛んに求愛行動をすることが「ほれ薬」を連想させたのではないかとされています。

また、イモリを食べると微量な毒によって脈が速まり、心臓は高鳴ります。これが、恋心と同じような興奮を錯覚させたのかもしれません。

NARA KIHACHI.

暮らしを守る

イモリ・ヤモリ・コウモリ

田んぼの水の底に潜むイモリは、漢字で「井守」と書きます。「井」というのは湧き水が出る泉や地下水をためた水くみ場のことです。水は稲作や、日々の暮らしのために欠かせないものです。水に棲むイモリは、大切な水を守ってくれる存在と考えられていたのです。

イモリに名前のよく似たヤモリは、イモリとはまったく別の種類です。イモリはカエルと同じ両生類なのに対して、ヤモリはトカゲと同じ爬虫類なのです。乾燥した場所に暮らすヤモリは、家のまわりでよく見かけます。そのため、家を守る「家守」と名づけられたのです。

漢字では「守宮」と書きますが、これも家を守るという意味です。ヤモリが棲みつくと家が栄えるともいわれています。実際にヤモリは、家のまわりで害虫をせっせと食べます。

田んぼや家々に水を送る川や水路も、大切な場所です。一説では、川を守る「川守」が転じて名づけられたとされているのが、コウモリです。確かに夕暮れになると川のまわりをコウモリがたくさん飛びまわります。

コウモリは、西洋では悪者のイメージが強いですが、もともと日本では、川や田んぼの上を飛びまわり、害虫を食べてくれる良い生きものとされていました。昔から、コウモリが家の中に現れると吉兆の知らせといわれています。

昔の人たちは、自分たちの暮らしが、大いなる自然に守られながら、さまざまな生きものの営みと共にあることを知っていたのかもしれません。

時の流れに身をまかせ

イシガメ・クサガメ

水辺でカメが甲羅干しをしています。カメは甲羅を作るためにビタミンDが必要です。ビタミンDを作るには日光が必要なので、カメはよく日なたぼっこをしているのです。

田んぼに見られるカメはイシガメとクサガメです。イシガメは「石亀」です。また、イシガメの子どもは甲羅の形が江戸時代の文銭に似ていることから、銭亀と呼ばれます。

一方、クサガメは「草亀」ではありません。クサガメはつかまえると敵から逃れるために臭いにおいを出すことから名づけられました。つまり「臭亀」なのです。

イシガメやクサガメは、ふだんは川で暮らしていますが、夏になると餌の豊富な田んぼに移動してきます。

ところで、諺で「鶴は千年亀は万年」というように、ツルとカメは長寿のシンボルであるとされています。実際はどうなのでしょうか。

千年というわけにはいきませんが、ツルは寿命が三〇年で鳥の中では比較的長生きです。カメも一万年は生きませんが、外国の陸生のゾウガメは二〇〇年以上生きるといいます。田んぼの小さなカメも三〇年から四〇年は生きるそうですから、田んぼに暮らす生きものの中では、ずば抜けて長生きです。

この三〇～四〇年を振り返ってみると、世の中は大きく変わりました。田んぼもめっきり少なくなりましたし、田んぼの環境も大きく変わりました。

田んぼの畦で甲羅干ししているカメは、田んぼの風景の変貌を目の当たりにしているに違いありません。

田んぼでとれるもの

ナマズ

童謡「お玉じゃくしは蛙の子」にこんな歌詞があります。

「オタマジャクシはカエルの子　ナマズの孫ではないわいな」

当たり前のようにも思いますが、ナマズの稚魚を見てみると、なるほどオタマジャクシとよく似ています。ただし、ナマズの子には、立派なヒゲがあるのが特徴です。

ナマズは、ふだんは小川に棲んでいますが、田んぼに水が入る頃になると、田んぼに遡上して産卵します。田んぼの中は卵を食べてしまう大きな魚はいませんし、水の流れがごく緩やかで、プランクトンなどの餌が豊富な田んぼはナマズの赤ちゃんが育つのに適しているのです。

こうして、ナマズは、田んぼの中でオタマジャクシたちと共に育つのです。

ナマズは子どものうちは六本のヒゲがありますが、大人になると四本になります。大人になるとヒゲが減るのは人間とは逆です。

ナマズはもともとは西日本に棲息していましたが、食用にするために各地に持ち込まれたとされています。今ではナマズは全国に分布しています。

かつて田んぼはイネを作るだけでなく漁撈の場でもありました。

ナマズ以外にも、フナやコイなどさまざまな魚が田んぼにやってきて産卵します。やがて田んぼで育った稚魚は小川へ行ってしまいますが、田んぼと小川の間に簀《す》を置いて外に出ないようにして、田んぼの中で魚を育てて食用にしたのです。

NARA-
KIHACHI.

男なんて必要ない

フナ

フナも春になると田んぼに遡上して、卵を産みます。田んぼで孵化し育った小鮒《こぶな》は、昔は食用に用いられました。

滋賀県の鮒寿司や、愛知県や岐阜県の鮒味噌、長野県の甘露煮など、今でもフナを使った伝統料理は各地に見られます。

フナにはさまざまな種類がありますが、一般にフナと呼ばれるのはギンブナです。ところが、このギンブナは不思議なことにほとんどがメスの個体で、オスはほとんど見られません。

メスしかいないのに、どうして子孫を残すことができるのでしょうか。

ギンブナはオスの個体がいなくてもメスだけでクローンの卵を産みます。そして、卵からは、親と同じメスの個体が生まれていくのです。これは雌性《しせい》発生と呼ばれる発生様式です。

ふつうのフナが、染色体が二組の二倍体であるのに対して、ギンブナは染色体が三組の三倍体です。染色体数が奇数なので、正常に減数分裂できずに正常な有性繁殖を行うことができないのです。この三倍体のギンブナは、大陸産のフナと日本産のフナの雑種起源であると考えられています。

長野県の一部の地域では、水田を利用したフナの養殖を行っていますが、ギンブナだけでは卵が孵化しません。

じつは、ギンブナの卵は有性生殖をする他の種類のフナの精子の刺激がないと成育しないのです。そのためフナの養殖では、有性生殖を行うヒブナの改良種を用いています。

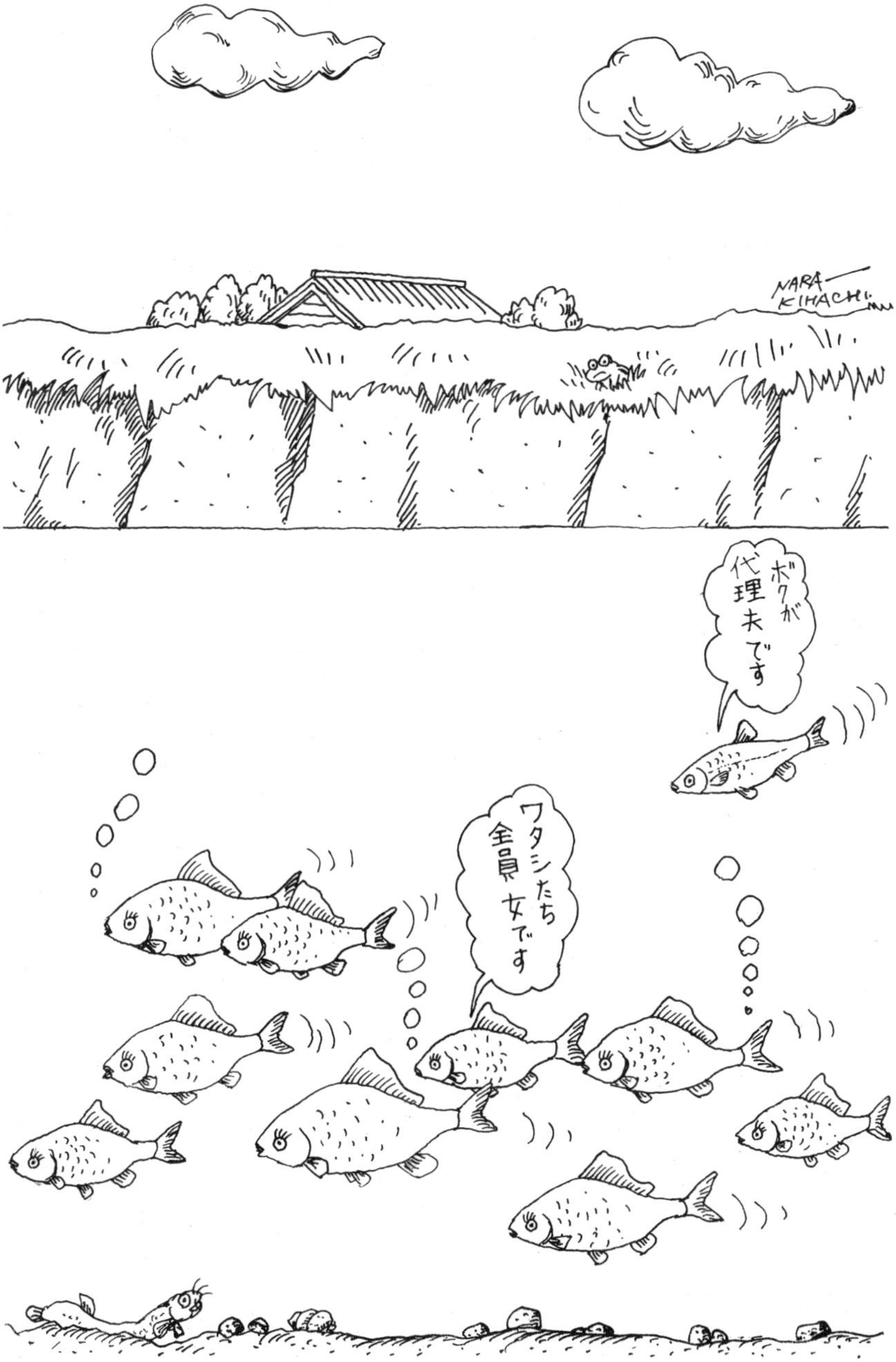
NARA KIHACHI
ボクが代理夫です
ワタシたち全員女です

コイ

弥生時代の田んぼで養殖

コイもまた春になると田んぼに遡上して、卵を産みます。

ところが、日本に水田稲作の技術が伝来したとき、すでに水田でコイを養殖する技術が同時に伝わったのではないかと考えられています。

弥生時代の遺跡から出土したコイの歯を調査したところ、大きなサイズとごく小さなサイズのコイとがいました。小さなサイズのコイをたくさん集めてとることは難しいことから、水を制御した水田の灌漑施設を利用してコイを養殖していたと推察されているのです。

コイは寿命が長い魚として知られています。通常は二〇年程度ですが、七〇年を超えて生きるものも少なくないようです。なかには一〇〇年や二〇〇年を超えて生きている個体も報告されています。一メートルを超えるような大きなコイも珍しくありません。

激流の滝をのぼりきったコイが竜になるという「登竜門」の伝説は、こうしたコイの神秘さに由来しているのかもしれません。

端午の節句に立てられるこいのぼりは、この登竜門の伝説に由来しています。旧暦の端午の節句は、梅雨の田植えの時期でした。こいのぼりは、もともとは梅雨の雨を滝に見立てたものだったのです。

現代では田んぼは、大きくその姿を変えました。川と田んぼの水の行き来は寸断され、今では川に棲むコイが田んぼで卵を産むことはできません。

一〇〇年前に田んぼで生まれた巨大鯉は、二度と戻ることのできないふるさとの田んぼを、なつかしく思っているに違いありません。

第2章

生きものとイネとの炎天下の競演

炎天下でも多くの命が息づく

端午の節句と男と女

ヨモギ・ショウブ

五月五日は端午の節句です。

端午の節句などの五節句はもともと中国の風習ですが、日本では田んぼの農事暦と深く結びついています。

端午の節句には、ヨモギやショウブを入れた菖蒲湯に入りますが、この習慣も稲作に由来しています。

旧暦の五月は、現在の暦では六月に相当します。田植えや田の草取りで田んぼに入ることの多いこの季節は、湿度や温度も高まり、虫や病気の菌が活発になる時期でもあります。そこで、抗菌力の強いショウブやヨモギの薬湯に入って、皮膚を保護したのです。

また、昔はショウブの根に浸した薬湯を飲みました。これも、田植えで疲れた体に英気を養う効果があったといわれています。

もっとも、昔の田植えは女性の仕事でしたから、もともと端午の節句は男の子の節句というよりも、女性のための行事でした。ところが、「武士たるもの武を尚《たっと》ぶべし」という「尚武」と、菖蒲の発音が同じことから、いつの頃からか、男の子の成長を祈る日になったのです。

新暦の五月五日は旧暦に比べると一カ月程度早いので、菖蒲湯に入れるショウブの葉もまだ十分に伸びきっていませんし、ハナショウブもまだ咲いていません。

古くから使われてきた旧暦は、日本の季節行事とよく合っています。古人の季節感に思いを馳せながら、旧暦で端午の節句を祝ってみるのも悪くないかもしれません。

NARA
KIHACHI

田植えを彩る花

タニウツギ・サユリ

タニウツギの花は、田植えの頃になると咲くので「田植え花」と呼ばれます。

またタニウツギには「早乙女花」という別名もあります。かわいらしいピンク色の花を水に浮かべると、菅笠《すげがさ》をかぶった早乙女が田植えをしているようすに見えることから、そう呼ばれるのです。

田植えをする女性を早乙女といいますが、さおとめの「さ」とは、もともと田んぼの神様を意味する言葉です。

イネの苗は早苗と呼ばれますし、早苗を植える時期が皐月です。

そして田植えのときには神様が降りてくるので「さおり」というお祝いで神様を迎え、田植えが終わると「さのぼり（または、さなぶり）」で神様を送るのです。

また、皐月は五月のことですが、旧暦の皐月は、今の暦では六月くらいです。

昔は、五月雨《さみだれ》は、梅雨の雨のことを指し、五月晴れといえば、梅雨の晴れ間のことだったのです。

ピンク色の美しい花を咲かせるサユリも、田んぼの神様が関係しています。

ササユリやヒメサユリは、一般にサユリと呼ばれますが、サユリももともとは、田植えの頃に咲くユリという意味なのです。

「さなえ」や「さつき」「さゆり」は、女性の名前によく用いられる美しい言葉ですが、元をたどれば、どれも田んぼと関係がある言葉だったのです。

NARA-
KIHACHI.

冥界からの使者

ホトトギス

ホトトギスは「時鳥」と書くことがあります。冬の間、暖かな南アジアで過ごしたホトトギスは、夏の初めになると日本にやってきます。毎年、決まって田植えの時期を知らせるかのようにやってくるので時鳥と呼ばれているのです。昔の人々は、ホトトギスが異界や冥土から飛んできて、田植えをするのを監視するのだと考えていました。

そのため、ホトトギスには、さまざまな異名がありますが、「勧農鳥」「田長鳥《たおさ》」「早苗鳥」「田植鳥」など、田植えとかかわりの深い異称があります。また、ホトトギスの鳴き声も「特許許可局」や「てっぺんかけたか」などさまざまな聞きなしがなされていますが、「田を作らば作れ、時過ぐれば稔らず」と田植えを促すような聞きなしもあります。

昔の人にとって、季節を告げるホトトギスの声は印象に残るものだったようです。『万葉集』にはホトトギスを詠んだ歌が一五六首もあります。これは、万葉集の歌の約四分の一にもなり、他の鳥とは比べようのない多さです。

清少納言の『枕草子』には賀茂へ参る途中に見た田植えの風景が記されています。

「女たちが新しいお盆のようなものを笠にして、大勢立ち並び、歌を歌ったり、立ち上がったり、身をかがめたりしながら、後ろの方へ下がっていく。珍しいと思って眺めていると、ほととぎすよ、おのれがなくので、おれは田植えをせねばならぬ、と、ほととぎすをばかにする歌を歌い出したのでがっかりした」

清少納言は枕草子の他の段で、「ホトトギスはウグイスより良い」といっていますから、よほどホトトギスが気に入っていたようです。

田を作らば作れ
時過ぐれば稔らず
NARA— KIHACHI.

虎の威を借る鬼

サナエトンボ・オニヤンマ

初夏になるといち早く飛び始めるトンボがサナエトンボです。

サナエトンボは「早苗」に由来しています。苗取りをして田植えをする頃に飛び始めることから、そう名づけられたのです。もっとも、最近では田植えが早くなったため、必ずしも田植えの頃とはいえなくなりました。

サナエトンボの仲間は、日本では二七種が知られています。体が黄色と黒の縞模様をしているのが特徴です。

よく似た模様のトンボにオニヤンマがいます。オニヤンマは、鬼のふんどしと同じ黄色と黒の縞々模様をしているのが、名前の由来です。

ちなみに、鬼は鬼門と呼ばれる「艮《うしとら》（丑寅）」の方角から出入りするとされていたため、牛のような二本の角を持ち、トラの皮のふんどしをする姿になりました。

ところで、サナエトンボやオニヤンマの黄色と黒の模様に意味はあるのでしょうか。

はっきりとはわかりませんが、これはハチの体の模様を模したのではないかと考えられています。

毒針を持つハチは、体の色を黄色と黒に配色してわざと目立たせています。こうして天敵の鳥に、自分が危険であることを警告しているのです。つまり、鳥にとって、黄色と黒は近づいてはいけない要注意の色です。そのため、サナエトンボやオニヤンマは、ちゃっかりとハチの警告色を真似して身を守っているのです。

コワイ……
NARA-KIHACHI.

何だかスゲェぞ

カサスゲ

その昔は、菅の笠をかぶった早乙女たちが一列に並んで田植えをしました。

この菅笠を編むのに使われた材料がカサスゲという植物です。笠を編むのに使うスゲだから、カサスゲと名づけられました。

カサスゲは畦道や、田んぼのまわりの湿った場所に生えます。かつては笠を作るために、カサスゲを田んぼで栽培したこともあったようです。

カサスゲはカヤツリグサ科の植物です。ふつうの草は丸い茎をしならせて横からの力に耐えますが、カヤツリグサ科の多くは、三角形の頑強な構造の茎をかたい繊維で覆っています。この丈夫な繊維が笠を編む材料となるのです。

スゲの笠は、強い日差しを避けるだけでなく、通気性も良いのが特徴です。さらには、雨具としても使われます。

しかし考えてみれば、通気性があるということは、空気が通るすきまがあいているということです。すきまから雨が漏ることはないのでしょうか。

雨のしずくは、カサスゲのぬれた茎を伝って笠の外へと流れ落ちます。そのため、表面はぬれても中まで染み込むことはないのです。もし、水をはじくプラスチックで笠を編むと、行き場のない水滴はすきまを落ちながら奥へ奥へと染み込んでしまいます。

プラスチックも化学繊維もない時代に、草で作られた菅笠は粗末な感じがしますが、じつは現代の技術も及ばない優れた機能性を持っているのです。

畑からへそくり

カラスビシャク

夏至から一一日目は、七二候の一つ「半夏生《はんげしょう》」です。

昔は「チュウ（夏至）ははずせ、ハンゲ（半夏生）は待つな」といわれ、夏至から半夏生までの時期が、田植えにもっとも適した時期であるとされていました。また、「半夏半作」といって、半夏生までに田植えが終わらないと、例年の半分も収量がとれないと言い伝えられました。そして、半夏生には、農作業をすることが戒められ、田植えで疲れた体を休めて英気を養ったのです。

半夏生は、半夏という薬草が生える時期という意味です。半夏とは、カラスビシャクのことです。カラスビシャクは、畦や畑に繁茂します。カラスビシャクはサトイモ科なので、花や葉が変化した仏炎苞《ぶつえんぼう》と呼ばれるもので包まれています。この仏炎苞の形がカラスの柄杓《ひしゃく》に見立てられ、カラスビシャクと名づけられました。まるで、ヘビが鎌首をもたげたようなユニークな姿は、よく目立ちます。

夏のボーナスから、へそくりをためこむ人もいるでしょうが、じつは、「へそくり」という言葉の語源は、このカラスビシャクにあります。

カラスビシャクの芋は、栗に似ていますが、茎がとれたくぼみがへそのように見えるので「へそ栗」の別名があります。このへそ栗は、漢方では「半夏」と呼ばれ、吐き気止めの薬になります。そのため、農家の主婦は、畑の草むしりをしながら、このへそ栗をとっては薬屋へ売って小銭を稼ぎました。これがへそくりの語源なのです。

浮いた話は甘くない

アメンボ

田んぼに水が入り、イネが植えられると、さまざまな生きものが集まってきます。

いち早くやってくるのは、アメンボです。アメンボは羽があるので、水のあるところを見つけて飛んでくるのです。

アメンボをつかまえると、独特のにおいがします。このにおいが、こげたべっこう飴に似ていることから「飴んぼ」と名づけられました。

アメンボはカメムシの仲間です。カメムシが臭いにおいを出すように、アメンボは体から飴のようなにおいを出すのです。

昆虫は足が六本あるはずなのに、水面を泳ぐアメンボは足が四本しかないように見えます。よく見ると、アメンボは二本の前足をカマキリの鎌のように折りたたんでいます。水面に虫が落ちると、アメンボは水面の波動を後足で感じます。そして、この前足で水面に落ちた虫をつかまえて食べるのです。水面をパトロールしながら、ウンカなどの害虫を退治するアメンボは、隠れた益虫です。

水に浮かぶアメンボの足の先には、細かい毛がたくさん生えています。この毛が水をはじくので、水面の表面張力によって、アメンボは水の上に浮くことができるのです。

ところが、石けんや洗剤などの界面活性剤が溶けると、水の表面張力が失われるので、アメンボは浮くことができません。

アメンボが浮かんでいるということは、その水が汚れていないことの証しでもあるのです。

Love
一番のり!!
NARA KIHACHI

ゆらゆらと田んぼを支える

ユスリカ(アカムシ)

田んぼの水の底で、赤い糸のような虫が水に揺れています。

これはユスリカの幼虫の赤虫です。赤い体をひらひらさせているようすから、俗に金魚虫とも呼ばれています。そもそもユスリカという名前も、幼虫が体を揺すっていることから揺すり蚊に由来しています。

赤虫は田んぼの泥の中に頭を突っ込んで、有機物を次々に食べていきます。そして、泥の外に出た体の後ろ側から糞として排出するのです。この赤虫の営みによって泥の中の有機物は分解されて、田んぼの肥料分となります。

また、泥は粒子が細かくなりとろとろした表層を作ります。この木目の細かい泥は雑草の発生を防ぐ効果もあることが知られています。

赤虫は、やがて成長してユスリカの成虫になります。「揺すり蚊」の名前のとおり、蚊によく似た姿をしていますが、人を刺して血を吸うようなことはありません。

こうして、田んぼからはたくさんのユスリカが羽化します。ユスリカは害虫ではありませんが、害虫を食べる益虫でもありません。しかし、ユスリカは田んぼで大切な役割を担っています。

苗を植えたばかりの田んぼには、まだ虫の種類は多くありません。ところが、たくさんいるユスリカを餌にして、コモリグモが田んぼの中にやってくるのです。そして、田んぼに集まったコモリグモは、やがて発生する害虫を退治してくれます。

頼りないように見えるユスリカですが、幼虫、成虫ともに田んぼになくてはならない存在なのです。

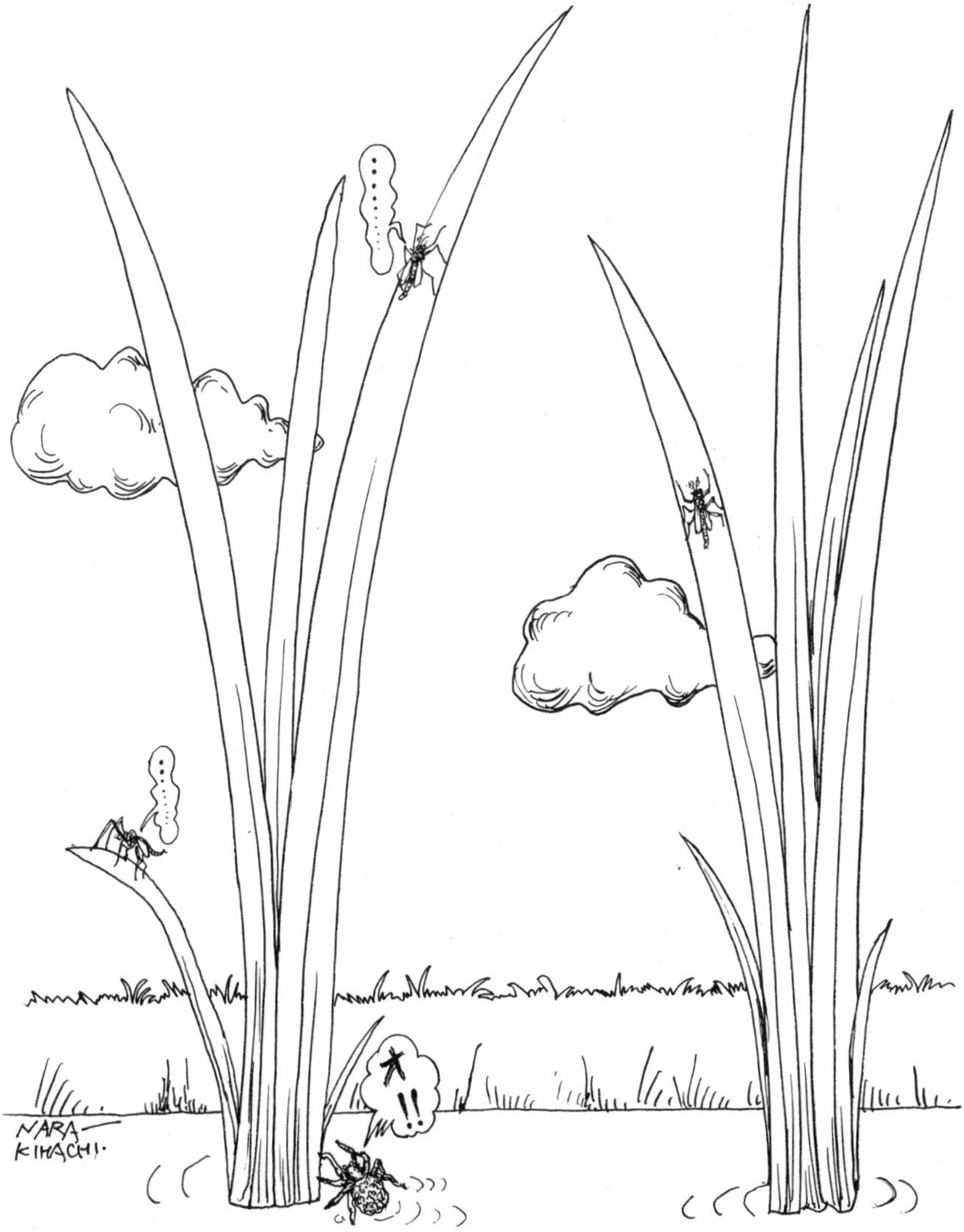
!!
NARA-
KIHACHI.

南国生まれの数奇な運命

ジャンボタニシ

イネの苗や畦に、ピンク色の蛍光色のかたまりがついていることがあります。ジャンボタニシの卵です。

ジャンボタニシはふつうのタニシよりも体がずっと大きいため、ジャンボと呼ばれています。タニシと呼ばれていても、実際にはタニシの仲間ではありません。ジャンボタニシは正式には、スクミリンゴガイといいます。そして、タニシの仲間は卵胎生で小さな子貝を産むのに対して、ジャンボタニシは鮮やかな卵を産むのです。

日本のタニシは貝のらせんがとがっているのに対して、ジャンボタニシはらせんが突出せずに、丸い形をしている点が特徴的です。スクミリンゴガイという和名も、貝がすくんでいるように見えて、リンゴのように丸いことから名づけられました。

タニシは泥の中の有機物を食べるのに対して、ジャンボタニシはイネの苗を食べてしまう有害生物です。ジャンボタニシは、もともとエスカルゴに代わる食材としてアルゼンチンから輸入されて、各地で養殖されましたが、結局、食用にはならず捨てられた個体が野生化したものです。各地に被害をもたらす外来生物ですが、ジャンボタニシにしてみれば、勝手に異国の地に連れてこられ、慣れない田んぼで必死に生き抜いているだけなのかもしれません。ジャンボタニシは熱帯性ですが、日本の寒い冬には、田んぼの土にもぐって冬越ししています。

水深を浅く保つと、イネの苗を食べずに雑草の芽生えだけを食べるため、有機栽培農家では「稲守貝」と呼んで、雑草防除に役立てている例も見られます。

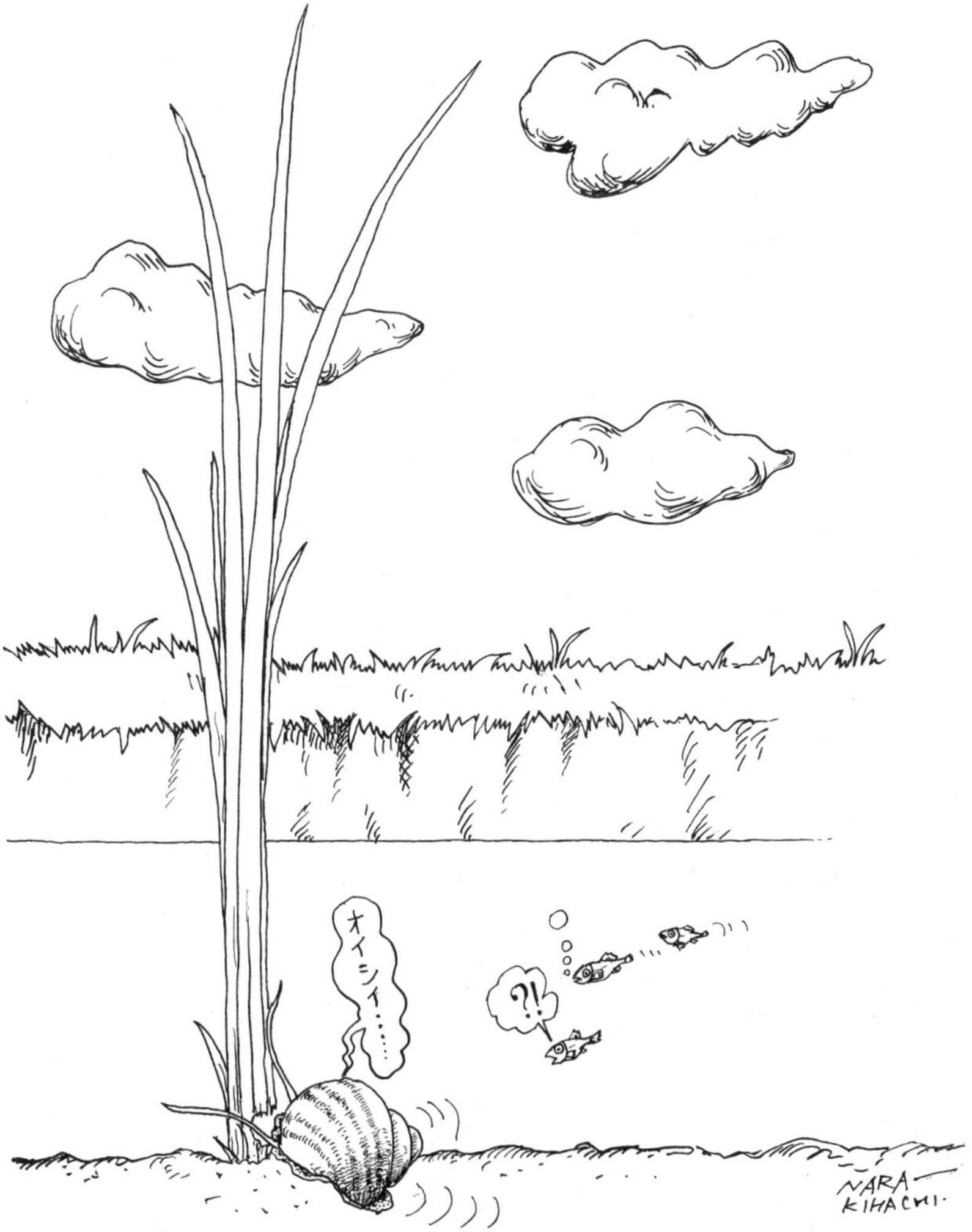
オイシイ……
?!
NARA KIHACHI

風に乗り浪漫飛行

ウンカ類・カスミカメ類

雨上がりのある日、前ぶれもなく、イネにウンカという小さな害虫がつくことがあります。忽然と現れたこの虫は、いったいどこからやってきたのでしょうか。

ウンカは、はるか中国大陸からやってきます。もちろん、小さなウンカが自力飛行で日本まで飛んでくることはできません。梅雨の頃に上空一〇〇〇～三〇〇〇メートルの高さを吹く低層ジェット気流という風の流れに乗って、低気圧といっしょに日本にやってくるのです。

ウンカは、漢字では「雲霞」と書きます。まさに雲のように空を越えてやってくるのです。

ウンカをよく見ると小さなセミのような形をしています。じつはウンカはセミに近い仲間なのです。まるでセミが木の汁を吸うように、ウンカは稲の汁を吸ってしまいます。

また、汁を吸ったときに、イネの病気のウイルスを媒介してしまうこともあります。ウンカはやっかいな害虫なのです。

やってくるのはウンカだけではありません。ウンカの卵を捕食する肉食性のカスミカメという天敵昆虫も、共に低層ジェット気流に乗って海を渡ってきます。まるで、海外逃亡した犯人を追いかけるインターポールのようです。

はるか中国から、せっかく日本にやってきたウンカとカスミカメですが、暖かい気候を好む彼らは日本の寒い冬を越すことができず、全滅してしまいます。そして、翌年になると、中国で冬を越した新たなウンカたちが、低気圧とともに、日本への片道切符の旅に出るのです。

不法侵入!!
はるばる来たぜ～
NARA KIHACHI

怨霊の言い分

ウンカ類・イネクロカメムシ

源平の合戦を戦った武将、斎藤実盛は、不覚にも、乗っていた馬が稲株につまずいて討ち取られるという悲運の死を遂げました。実盛はその恨みから、イネの害虫に姿を変えたと伝えられています。

実盛虫と呼ばれる、その小さな害虫の正体は、ウンカです。ウンカは前触れもなしに、どこからともなく田んぼに現れて、イネに被害を与えます。この神出鬼没なようすが、怨霊に見立てられた原因かもしれません。

実盛虫からイネを守るために、夏になると松明《たいまつ》を灯して鉦や太鼓を打ち鳴らしながら、害虫を村の外まで送り出す伝統行事があります。この行事は虫送りや実盛送りと呼ばれています。

田んぼの中を進む松明の炎は幻想的な風景です。怨霊を追い払う効果のほどはわかりませんが、農薬のなかった昔は、松明の火に集まる害虫を焼き殺す意味もあったと考えられています。

害虫に生まれ変わったのは実盛ばかりではありません。

イネの穂につくイネクロカメムシという害虫は、別名を善徳虫といいます。善徳虫は、旅の途中で命を絶たれた善徳という僧侶の怨霊が虫になったものとされています。

人間と害虫。仲良くできるはずもありませんが、ウンカやカメムシにしてみれば、ただ、与えられた天命に忠実に生きているにすぎません。餌となるイネに感謝こそすれ、恨む筋合いなどあろうはずもないのです。

この恨みは
このウンカになって……
NARA KIHACHI

夏ウンカは田の肥やし

セジロウンカ・ヒメトビウンカ・トビイロウンカ

ウンカはイネの汁を吸ってしまう害虫です。

江戸時代の享保や天保の大飢饉は、このウンカの大発生によって引き起こされたとされています。

イネに被害を与えるウンカには、セジロウンカ、ヒメトビウンカ、トビイロウンカの三種類がありまする。

セジロウンカは「背白ウンカ」の名前のとおり、背中に白い筋があるのが特徴です。夏に主に発生することから「夏ウンカ」と呼ばれています。

一方、トビイロウンカは鳶《とび》に似た茶色をしていることから、「鳶色ウンカ」と名づけられました。秋に大発生して被害をもたらすことから「秋ウンカ」とも呼ばれています。

ところが、「夏ウンカは田の肥やし」という諺がありまする。つまり、夏ウンカは田んぼの肥料のようにイネの生長を助けるというのです。

ウンカは害虫のはずなのに、これはどういうことなのでしょうか。

セジロウンカはイネに対する被害は、比較的大きくありません。ところが、セジロウンカがいるとウンカを餌にするコモリグモなどの天敵が増えます。

そのため、被害の大きい秋ウンカを食べて発生を抑えてくれるのです。雑草のヒエにつくヒエウンカも、天敵の餌としての役割があるとされています。

また、夏ウンカが汁を吸うと、イネの体内に虫害に対する抵抗性機構が誘導され、秋ウンカの被害を抑える効果も指摘されています。

まさに害虫も使いよう。自然界というのは複雑なものです。

NARA-
KIHACHI.

しっぺ返しにご用心

ウンカ類

害虫を退治するために、田んぼには農薬が散布されます。

ところが、農薬を散布したことによって、かえってウンカなどの害虫が増えてしまうことがあります。この現象はリサージェンスと呼ばれています。どうして害虫を退治するはずの農薬が害虫を増やしてしまうのでしょうか？　その理由はこうです。

農薬をまくと害虫だけでなく、害虫を食べるクモなどの天敵の虫たちも死んでしまいます。一方、害虫は数がたくさんいるので、すべてが死んでしまうわけではありません。必ずいくらかの害虫が生き残ります。すると、天敵のいなくなった環境で、生き残った害虫が急激に増殖するのです。

また、害虫は世代更新を頻繁に繰り返す中で、農薬に抵抗性のあるタイプが生まれやすいこともありますし、さらには、農薬の刺激を受けた害虫が、子孫を残そうとたくさんの卵を産むこともあります。こうして、結果的に害虫が増えてしまうのです。

田んぼの中での天敵が、どの程度、害虫を抑制しているかについては十分に明らかにされていませんが、リサージェンスは天敵の役割を示す現象として注目されています。

もちろん、田んぼの中にいるのは害虫と天敵だけではありません。多くは害虫でも天敵でもない「ただの虫」と呼ばれる虫たちです。農薬によってこれらのただの虫が数を減らすことによって、棲息場所などの競争相手がいなくなることも、害虫が増加する一因となっていると考えられています。自然界は、かくのごとく複雑です。簡単に考えていると、私たちに思わぬしっぺ返しをもたらすかもしれません。

大害虫も今は昔

ニカメイガ（ニカメイチュウ）・サンカメイガ（サンカメイチュウ）

イネの代表的な害虫にメイガがいます。

メイガは漢字では「螟蛾」と書きます。また、メイガの幼虫は「螟虫《めいちゅう》」と呼ばれます。「螟」の字は虫偏に暗いという意味の「冥《めい》」から成っています。死後の世界を意味する「冥土」の冥です。

どうして、こんなに不気味な名前がついているのでしょうか。

メイガは別名をずい虫《むし》といいます。トンネルのことを隧道《すいどう》といいますが、メイガの幼虫は、トンネルを進むようにイネの茎の中に入って、茎の芯を食べてゆくので、ずい虫と呼ばれているのです。螟虫と呼ばれるのも、トンネルのように暗い中に潜んでいることに由来しています。

メイガには、ニカメイガとサンカメイガの二種類があります。ニカメイガは年に二回発生するので二化螟蛾と名づけられました。一方、サンカメイガは、三化螟蛾で、年に三回発生することに由来しています。メイガは、イネの伝来と同じくして日本に渡ってきたと考えられる古い害虫です。昔は、ずい虫はイネのもっとも重要な害虫でした。そして「ずい虫取り」は子どもたちの重要な仕事だったのです。たくさん取った子は、表彰されたり、賞金が出されたりしたそうです。

ところが最近では、ニカメイガやサンカメイガは、数が減り、ほとんど害虫として問題になることはなくなりました。農薬の効果に加えて、稲作技術の変化によって、メイガの発生のサイクルがイネの栽培暦と合わなくなってしまったのです。サンカメイガは、絶滅が心配されるまでに減少しているというから、驚きです。

泥をかぶって生きる

イネクビホソハムシ(泥おい虫)・イネミズゾウムシ

稲株にまるではね散ったかのように、泥のようなものがたくさんついていることがあります。じつは、この泥の中には、イネクビホソハムシの幼虫が身を潜めています。こうして天敵から身を守っているのです。この虫は、まるで泥を背負っているようなので、俗に泥《どろ》おい虫と呼ばれています。

もっとも泥おい虫が背負っているのは、実際には泥ではありません。泥おい虫は自分の糞を身にまとって、泥に擬態して身を守っているのです。

何ともユニークな泥おい虫ですが、イネの葉を食害して、葉に白い食べ痕を残してしまう害虫です。江戸時代の農書では、ほうきで掃きおとして防除することが書かれています。

同じ時期によく似た白い食痕をイネの葉に残す害虫に、イネミズゾウムシがいます。

ところが、深刻な害虫であるはずのイネミズゾウムシの防除法は、江戸時代の農書には記載されていません。この虫は一九七六年に日本ではじめて発見された、アメリカからの侵入害虫なのです。

イネミズゾウムシは、もともと湿地のイネ科植物を餌としていましたが、水田の多い日本で爆発的に増えました。

原産地のアメリカではオスとメスとが存在しますが、不思議なことに日本ではメスしか見つかりません。

日本にはメスの個体だけが侵入しましたが、交尾することなく産卵する単為生殖の能力があるため、メスだけで増殖しているのです。

ワタシ達
全員メスです!!
Help me!?
NARA KIHACHI.

アマガエル

予報官の未来はどうなる

アマガエルは「雨蛙」に由来します。昔から「カエルが鳴くと雨」といわれます。雨が近づくと鳴き出すこのカエルが、アマガエルなのです。アマガエルの天気予報は、かなり高い確率で適中するそうです。

カエルは皮膚呼吸をしているので、空気の湿度や温度を敏感に感じて天気の変化をいち早く知ることができます。特にアマガエルは水辺から離れた乾燥した環境を好むので、湿度の変化に敏感なのでしょう。

最近では昔に比べて田んぼが乾燥しやすくなり、水環境に依存したカエルは姿を見る機会がめっきり少なくなってしまいました。

一方、アマガエルは今でもよく見られます。アマガエルはもともと、樹上生活をするため、水が少なくても平気なのです。

さらに、他のカエルたちはコンクリートの側溝に落ちると這い上がることができないのに対し、アマガエルは指の先に吸盤がついているので、垂直にそそり立ったコンクリート水路の壁も、忍者さながらに難なく上ることができるのです。

忍者さながらのアマガエルは、まわりの環境に合わせてカメレオンのように色を変えることもできます。アマガエルの皮膚には、黒、青、黄色の三色の色素細胞が三層になって並んでいます。この三つの色素細胞を組み合わせることによって、さまざまな色に変化するのです。単色を組み合わせて色を作る仕組みは、カラーテレビやカラープリンターとまったく同じです。ちなみに、鮮やかな緑色は、青と黄色の色素からできています。

低
998
低
992
低
996
今日は一日中
雨でしょう
NARA-
KIHACHI

風流な音の正体

ツチガエル・ヌマガエル

畦道を歩いていると、ポチャンと音を立ててカエルが田んぼに逃げ込みました。見ればツチガエルが泥の中に隠れて息を潜めています。

ツチガエルは水を好むので、水辺を離れることはありません。そして、畦道を人が通るとあわてて水の中へと逃げるのです。

「古池や蛙《かはず》飛びこむ水の音」

有名な松尾芭蕉の俳句に詠まれたカエルは、水の中に飛び込む習性からツチガエルではないか、と推察されています。

俳句に詠まれた風流なカエルですが、ツチガエルはその見た目の醜さから、俗にイボガエルと呼ばれています。また、外敵から身を守るために、臭いにおいを出すことから、クソガエルという散々な別名もあります。

姿は醜くても、イボガエルが水に飛び込む音は、とても風流です。芭蕉も音の主の姿を見なかったのが幸いでした。

ところが、このツチガエルが最近、田んぼから減っています。じつは、ツチガエルはオタマジャクシのまま冷たい水の中で越冬しますが、最近は冬の田んぼが乾燥し、オタマジャクシが棲める田んぼが減っているのです。

ツチガエルに代わって増えているのがヌマガエルです。ヌマガエルはお腹が白いのが特徴です。夏に育つヌマガエルのオタマジャクシは高温に強く、四〇度を超えるような水の中でも平気です。ツチガエルが減るのを尻目に、ヌマガエルは温暖化も手伝ってか、勢力を拡大しているのです。

古池や
かわず飛び
ポチャン
NARA KIHACHI

月夜のウォーカー

ヒキガエル

俳句で「かえる」は春の季語ですが、「ひきがえる」は夏の季語です。ヒキガエルは初夏の頃になると、やっと土の中から這い出してきます。まさか寝坊して、今ごろ冬眠から覚めたのでしょうか。

ヒキガエルは春先に冬眠から目覚めて水辺に卵を産みます。ところが、産卵を終えたカエルたちは、再び土の中に戻って冬眠します。つまりは、二度寝してしまうのです。

起きがけで寝ぼけているわけではありませんが、ヒキガエルは他のカエルのようにピョンピョンと跳ねまわったり、スイスイと泳ぐような敏捷さはありません。ただ、地面の上をノソノソと這いまわるだけです。

夜道を歩くそのようすは不気味ですが、神秘的でもあります。そのためか、『万葉集』ではヒキガエルが地の果てまで這っていくという歌が詠まれています。また、万葉の時代には、月が欠けるのは月に棲むヒキガエルが食べてしまうからだとされていました。

俗に、ヒキガエルにさわると、いぼいぼができるといわれています。これは迷信ですが、ヒキガエルは目の後ろの毒腺や皮膚のいぼから毒液を出すので注意が必要です。陸上で暮らすヒキガエルは、毒液によって皮膚を雑菌から守ったり、ヘビなどの天敵から身を守っているのです。

別名は「蝦蟇《がま》」。有名な「蝦蟇の油」の口上にある、醜い自分の姿を見てガマが流したというあぶら汗は、じつは危険を察知したヒキガエルが分泌した毒液です。

ダラリ　ダラリー
ガマの油
NARA-KIHACHI

カモにされる働き者

カルガモ・アイガモ

田植えが終わる頃になると、田んぼにカモがやってきます。

このカモはカルガモです。冬の田んぼには多くの水鳥がやってきますが、春になって暖かくなると北方へ渡っていきます。ところが、カルガモは一年中、日本で過ごすのです。そのためカルガモは、「夏鴨」という別名もあります。

また、日本で繁殖するので、小さなひなが親ガモの後をついて泳いでいるようすが見られます。カルガモのひなを詠んだ「鴨の子」というのは、俳句では夏の季語です。

愛らしいカルガモですが、田んぼの中では泳ぎまわって苗を倒したり、時には苗をついばんだりするため、害鳥として追い払われます。ところが一方では、雑食性のカルガモは田んぼの中で害虫を食べます。また、餌を探して泥をかき混ぜるので、雑草の芽生えが水に浮かんできたり、泥がにごって雑草が生えるのを防ぐ効果もあります。

このカモの働きを積極的に利用したのがアイガモ農法です。

アイガモはマガモと、マガモを家畜化したアヒルとの雑種です。アイガモ農法では、イネの苗を倒さないように、小さなひなを田んぼに放します。そして、イネの生長とともにアイガモのひなも育っていくのです。そして、米の収穫が終わるとアイガモも食用になります。

野生のカモも、昔から食用として用いられてきました。「カモにする」や「鴨が葱《ねぎ》をしょってくる」という言葉は、カモがつかまえやすい獲物であったことに由来しています。

NARA-
KIHACHI.

平安言葉でカエル釣り

カニツリグサ・カモジグサ・オタマジャクシ

畦に生えるカニツリグサは、子どもたちがこの草の穂を使ってサワガニ釣りをしたことから、名づけられました。

また、カエルを釣るときには、エノコログサなどの穂をカエルの目の前で振ります。カエルは動く生きものを捕らえて餌にするため、目の前の穂を餌と間違えて飛びついてくるのです。

あるいは、畦に生えるカモジグサの茎で輪を作ってカエルの首にかけて釣る方法もあります。カモジグサの茎は細くて丈夫なので、カエル釣りに適しています。

カモジグサは平安の女房言葉の髪文字《かもじ》に由来します。かもじというのは、添え髪や入れ髪のことです。

女の子たちが、カモジグサの若葉をかもじにして人形遊びをしたことに由来しています。女房言葉では、言葉の下を省略し、「もじ」という言葉が添えられることがよく行われました。かもじは、髪の毛の「か」に「もじ」が添えられました。

ゆかたのことを「ゆもじ」といったり、お目にかかることを「おめもじする」というのも女房言葉に由来しています。

しゃもじも、女房言葉です。しゃもじは、本来はしゃくしと呼ばれました。やがて、ご飯用のしゃくしがしゃもじと呼ばれるようになり、汁用のしゃくしが玉じゃくしと呼ばれるようになりました。この玉じゃくしが、カエルの子のオタマジャクシの語源となったのです。

LOVE
NARA-
KIHACHI.

源平盛衰記

ゲンジボタル・ヘイケボタル

各地で、ホタルを保全する活動が行われています。清流に飛ぶゲンジボタルはとても人気があります。わずか数匹のホタルに、大勢の見物客が群がることも少なくありません。

そんな喧騒をよそに、田んぼの中でひっそりと輝きを放っているのが、ヘイケボタルです。ヘイケボタルは米粒のように小さいので、別名をコメボタルともいいます。

ヘイケボタルは、田んぼのホタルです。よく知られているように、ゲンジボタルは流れの緩やかな小川に住み、幼虫はカワニナを餌にしています。これに対して、ヘイケボタルは、流れのない田んぼの中に棲み、幼虫はタニシやモノアラガイなどの巻貝を餌にしています。ヘイケボタルは田んぼのホタルなのです。

ヘイケボタルはゲンジボタルよりも体が小さいのが特徴です。そのため、源平の戦いで敗れた平家になぞらえて、ヘイケボタルと名づけられました。

源平の盛衰さながらに、ゲンジボタルが各地でもてはやされているのに比べると、ヘイケボタルはあまり気にとめられていないようです。しかし、ヘイケボタルは、地域によっては絶滅が心配されるまでに減少しています。このままではホタルの世界も平家滅亡です。

昔は一面のヘイケボタルが舞い上がると、田んぼが浮かび上がるような幻想的な光景が見られたといいます。そんなヘイケボタルが舞う田んぼの風景を取り戻すことも素敵なことのように思えますが、いかがでしょうか。

ゲンジ
ゲンジ
!!
ヘイケ
……
ヨロヨロ
NARA KIHACHI

ホタル類

真っ暗闇は絶滅寸前

私の脳裏に残る二つのホタル祭りがあります。あるホタル祭りはにぎやかで楽しいものでした。渋滞する自動車のテールライトが田んぼの中の道に列を成し、縁日の明かりを灯す発電機の音が響いています。大勢の歓声の中を飛ぶホタルは、どこか恥ずかしそうでもあり、どこか困惑しているようにも見えました。それはそれで、華やかで楽しいお祭りの思い出として記憶に残っています。

ところが、もう一つのホタル祭りには驚きました。行ってみると、辺りは真っ暗なのです。少し時間が遅かったこともあり、ほかには誰もいません。懐中電灯もなく、何度も田んぼに落ちそうになりながら歩きました。

すると、どうでしょう。ホタルたちが、まばゆいばかりの光を発しながら乱舞しているのです。真っ暗闇に慣らされた私の目には、ホタルの光がとても明るく感じられました。あの幻想的な光景は忘れられません

聞けば、地元の人たちは外灯を消し、雨戸を閉めて家の光が外に漏れないように努めていたのだといいます。

考えてみれば、私たちのまわりから真っ暗闇はなくなりました。山の中でさえも外灯や自動販売機の明かりが灯り、自動車がライトをつけて走っています。真っ暗闇を体験することは、なかなかできません。

真っ暗闇でこそ、見えるものもあります。たまには、電気を消して、ロウソクの明かりで暗闇を楽しんでみるのも悪くないかもしれません。

気球に乗って行こう

クモ類

翼さえあれば、はるか大空を旅してみたいと思うことはありませんか。

しかし、空を旅するのに翼なんかいりません。私たちのごく身近なところに、翼なしで大空を旅する小さな冒険者がいます。

イネの葉の先に小さなクモが上って、お尻から糸を出していることがあります。いよいよ、旅立ちのときのようです。やがて風が吹き抜けると、クモの子の小さな体は糸とともに舞い上がります。小さな冒険者は、この糸で風をつかまえて、はるかなる大空へと旅立っていくのです。

この飛び方は、まるで気球に乗っているようなので「バルーニング」と呼ばれています。バルーンとは風船のことです。

田んぼで育ったクモの子たちは、こうして風に乗って新しい土地を目指します。

クモが空を飛ぶというだけでも驚きですが、数千メートルもの上空で、飛んでいるクモが観察されるといいますから、その飛行能力は馬鹿にしたものではありません。

クモの種類によっては秋の終わりにバルーニングを行うものもあります。このようすは初雪に先駆けて見られることから、地方によっては「雪迎え」と呼ばれています。

高い上空から見下ろした人間たちの世界は、偉大なる冒険者たちの目には、どう映っているのでしょう。ちっぽけな虫けらくらいにしか見えないのでしょうか。

忍者顔負け

アメンボ・ハシリグモ

忍者が水の上を歩くときに足に履く道具を「水ぐも」といいます。

もっとも、水ぐもを履いて、バランスをとりながら前へ進むのは難しく、実際には水の上を歩けなかったと考えられているようです。

水ぐもというのは、アメンボの別名です。しかし、田んぼには忍者顔負けのクモがいます。ハシリグモです。ハシリグモは、その名のとおり、とてもすばやく走ります。

しかも、陸の上だけではなく、地上と同じスピードで、水の上を走ることができるのです。

もちろん、右の足が沈む前にすばやく左足を出し、左足が沈む前に右足を出すという笑い話に出てくる方法ではありません。足の先に生えた毛が水をはじくので、水面張力で水に浮くことができるのです。

同じしくみで水に浮かぶアメンボが、水の上をすいすいと滑っているのに対して、ハシリグモは見事に水の上を走り抜けます。

それだけではありません。驚いて逃げるときには、ハシリグモはすばやく田んぼの水の中にもぐって身を隠します。そして、体に生えた細かな毛のまわりに空気の層を作り、まるで空気の袋の中に入るようにして、水の中にもぐるのです。水中に潜むハシリグモは、空気の層が光を反射して、メタルのように銀色に光って見えます。

体のまわりを空気で覆っているので、ハシリグモは長い時間、水の中に潜んでいることができます。忍者も顔負けの水遁《すいとん》の術です。

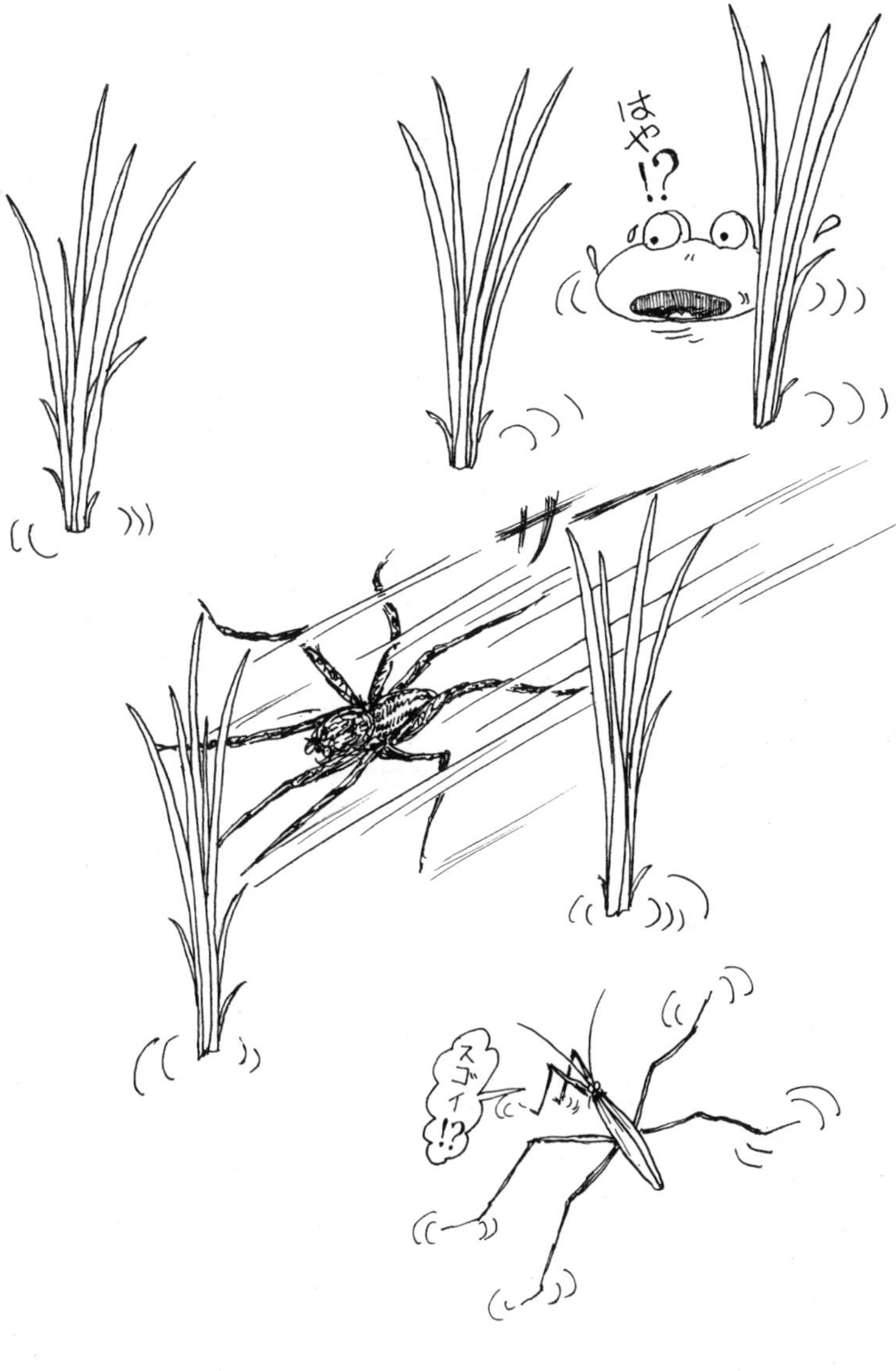
はや!?
サー
スゴイ!?

母さんの背中

コモリグモ・ハエトリグモ

コモリグモは田んぼの水面を走りまわっては、田んぼの害虫を捕らえて食べてくれる代表的な天敵です。

コモリグモは英語では、ウルフスパイダー（オオカミのクモ）と呼ばれています。すばやく獲物を捕らえるようすがオオカミにたとえられたのです。

日本でも同じ発想はありました。人家に棲みつき、跳ねながらハエをハンティングするハエトリグモは、壁虎《へきこ》や座敷鷹の異名を持っています。狩のようすがトラやタカにたとえられたのです。それにしても、ずいぶんとカッコいい名前をつけられたものです。

一方、英語でウルフスパイダーと呼ばれたコモリグモの名前は、「子守りをするクモ」の意味です。

コモリグモのメスは卵の入った大きな白い袋をお尻につけて、持ち歩きます。こうして大切な卵を守るのです。

それだけではありません。卵からかえった子グモは母親の背中によじのぼります。そして、母グモは何十匹もの子グモを背中に乗せたまま移動するのです。

クモというと気味悪がる人もいますが、子どもをおんぶするように大切に守る母グモと、母親の背中でひしめきあっている子グモたちのようすは、何だかほほえましく感じられます。

やがて母親の背中から巣立った子グモたちは、害虫を食べる立派なハンターへと成長していきます。田んぼは、こんな小さなクモたちに守られているのです。

ネンネ
コロリョ〜
NARA KIHACHI.

男の子育ては楽じゃない

コオイムシ・タガメ

父さんだって「母さんの背中（112ページ）」に負けていられません。

父親が子どもをおんぶする虫もいます。コオイムシです。コオイムシは子どもを背負うことから「子負い虫」に由来しています。

コオイムシのメスは、オスの背中に卵を産みつけます。こうしてオスは、卵が無事にかえる日まで、背中についた卵を外敵から守り続けるのです。

コオイムシと同じ仲間のタガメは日本で最大の水生昆虫で、水中のギャングとして恐れられています。

タガメは水面上の草の茎などに卵を産みつけます。卵を産んだメスはどこかへ行ってしまいますが、残されたオスは卵が無事にかえるまで、卵に寄り添っています。そして、外敵を追い払ったり、卵が乾燥しないように水を掛けたり、面倒を見るのです。

ギャングの異名に似合わず子煩悩なお父さんです。ずっと卵を背負い続けたままのコオイムシに比べると、楽なような気もしますが、タガメのオスも、卵がかえるまでの十日間は餌も食べずに面倒を見るといいますから、壮絶な子育てです。

こうしてコオイムシやタガメは、厳しい自然界で子どもたちの命を守っているのです。

ところが、こんなに大切に守り育てられているのに、コオイムシやタガメは田んぼから姿を消しています。

残念ながら、頼もしいお父さんたちも、人間の環境破壊には勝てなかったのです。

オトコは
つらいネ……
まったく……!!
NARA KIHACHI.

河童と呼ばれた虫

タガメ

カッパの別名を持つ昆虫がいます。タガメです。とがった顔や、甲羅に見える背中がカッパに似ているからでしょうか。地域によってタガメは「カッパ」と呼ばれているのです。

タガメは漢字では「田亀」と書きますが、これは、その姿が亀の甲羅に似ていることから名づけられました。

タガメは日本最大の水生昆虫です。魚やカエルなどを襲う獰猛さから、水中のギャングとも呼ばれています。

ところで、カッパの伝承は地域によってさまざまですが、西日本の広い地域でカッパ（河童）は秋になると山へ移り住んでヤマワラワ（山童）になると言い伝えられています。

そういえば、田んぼの神様も稲刈りが終わると山の神になるといわれていました。

昔は人々も、田んぼの仕事が終わると、下草を刈ったり、落ち葉をかいたり山仕事をしました。田んぼの神様やカッパたちは、そんな人々の暮らしとともに、田んぼと山とを行き来していたのかもしれません。

じつは、タガメも秋になると山へ移動します。夏の間、田んぼで過ごしたタガメは、山の落ち葉の下などで冬を越すのです。

昔はどこの田んぼにもいたタガメですが、田んぼや山の環境が変化したことによって、今では絶滅が心配されるまでに減少しています。

タガメがカッパと同じように幻の生きものになってしまわないことを祈らずにいられません。

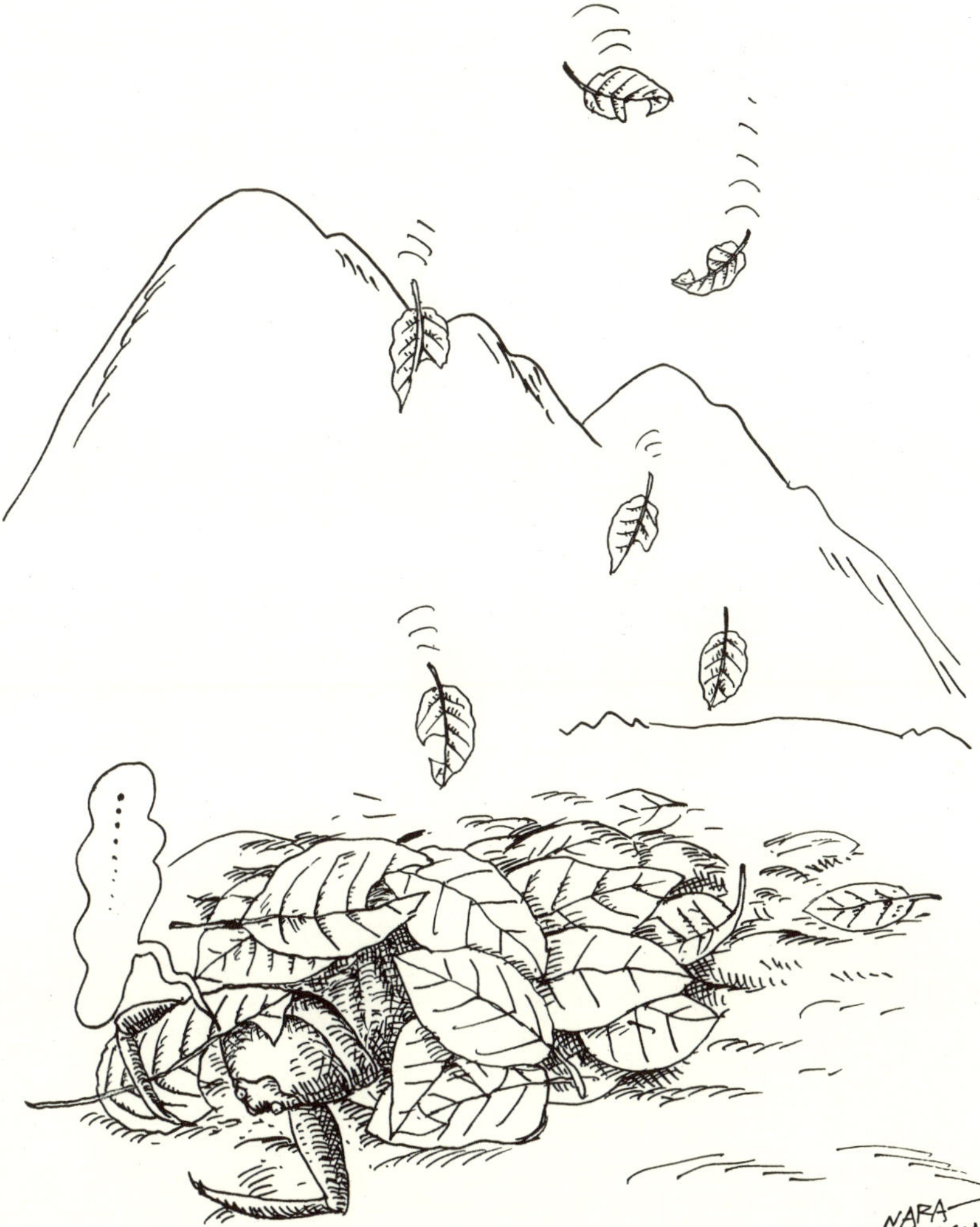
NARA
KIHACHI.

水の中のカメムシたち

タイコウチ・ミズカマキリ・マツモムシ

会社には上司にヨイショする「太鼓持ち」と呼ばれる人がいますが、田んぼにいるのは「太鼓打ち」です。

タイコウチはタガメやコオイムシと同じ水生カメムシ類です。前足をバタバタさせて泳ぐようすが太鼓をたたいているように見えるので「太鼓打ち」と名づけられました。英語では「ウォータースコーピオン（水のサソリ）」と呼ばれています。

田んぼには、サソリに対してカマキリもいます。ミズカマキリはカマキリによく似た姿をしていて、カマキリと同じように、鎌のような前足でオタマジャクシや小魚を捕らえて食べます。ただし、ミズカマキリはカマキリの仲間ではなく、タイコウチと同じ水生カメムシの仲間です。

ミズカマキリやタイコウチは池や沼に棲息しますが、夏の間はオタマジャクシや小魚などの餌が豊富な田んぼにやってきます。どちらかというとミズカマキリは、深い水深を好むのに対して、タイコウチは浅いところを好む傾向にあるようです。

腹側を上にしたユニークな姿で水面を泳ぐマツモムシも、水生カメムシの仲間です。

マツモムシは水草の生える環境に見られることから「松藻虫」と名づけられました。

マツモムシも獲物を捕らえるために、タイコウチやミズカマキリと同じように前足を発達させていますが、水面を泳ぐためにオールの役目をする長い後足を持っています。その泳ぎ方からマツモムシは、「バックスイマー（背泳ぎ泳者）」と呼ばれています。

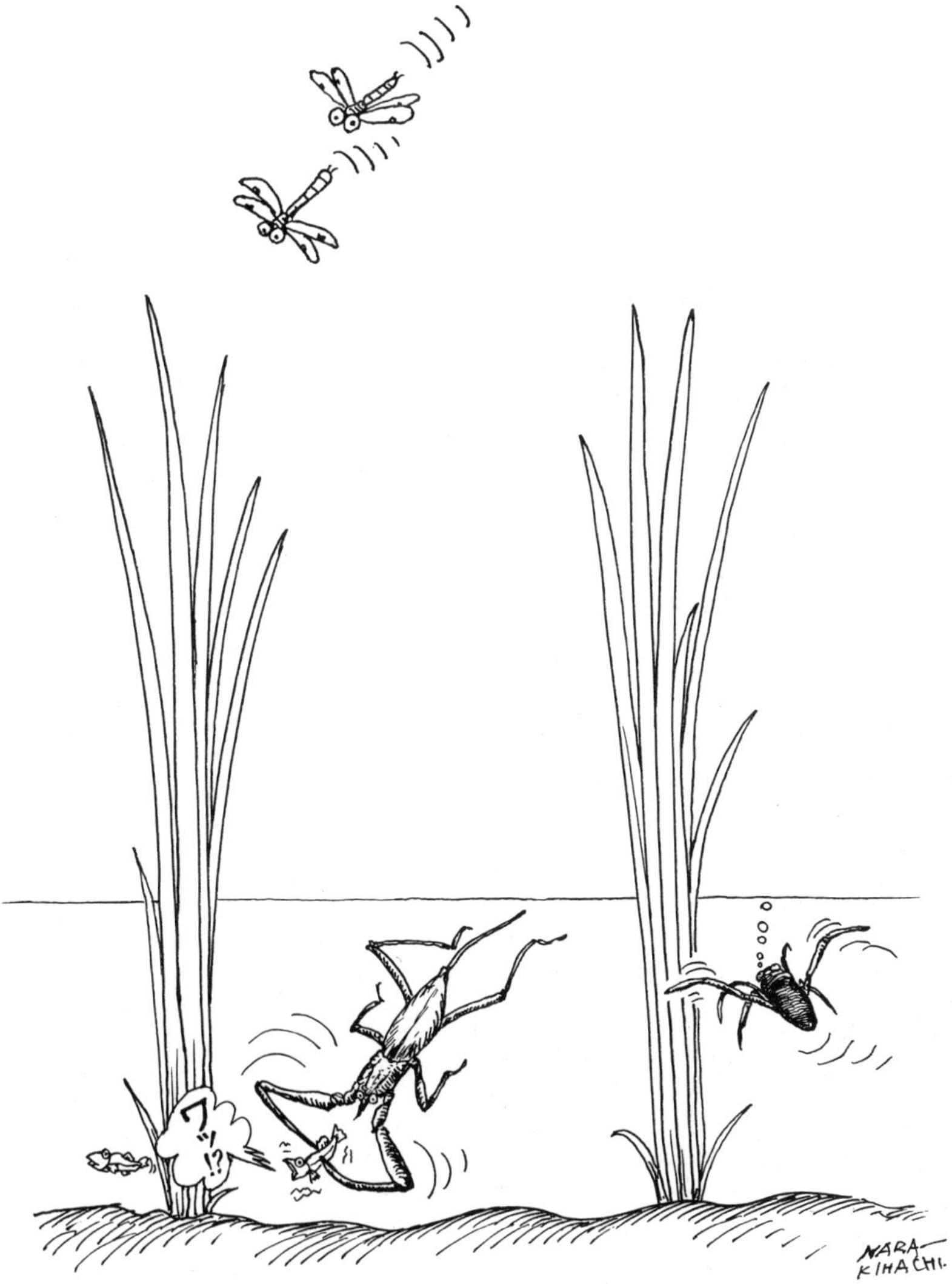
ワッ!?
NARA-
KIHACHI.

源五郎の敵討ち

ゲンゴロウ

ゲンゴロウは「源五郎」と書きます。どうしてこんな人のような名前がつけられているのでしょうか。

　名前の由来ははっきりしませんが、ゲンゴロウはもともと色が黒いので「玄黒《げんぐろ》」と呼ばれていたのが、転じて「げんごろう」になったといわれています。

　また、源五郎という男が、振れば小判が出る代わりに体が小さくなってしまうという打ち出の小槌を、欲張って振り続けているうちに、小さな黒い虫の姿になってしまったという昔話もあります。

　ゲンゴロウは、カメムシの仲間であるタイコウチやミズカマキリと異なり、コガネムシの仲間です。お尻から吸った空気をかたい羽の下にためこんで、潜水します。まるで空気タンクを背負ってダイビングしているようです。また、後ろ足には長い毛が足ひれのように発達しているので、自由自在に泳ぎまわることができるのです。

　ところで、『どくとるマンボウ昆虫記』には著者の北杜夫がゲンゴロウを食べる話が登場します。ゲンゴロウは地方によっては食用にされていたのです。

　一方、ゲンゴロウは幼虫、成虫ともに肉食ですが、成虫が弱ったり死んだりした魚やオタマジャクシなどを食べるのに対して、幼虫は獰猛で、獲物にかみつくと毒液と消化液を注入して捕食します。時には人間の指にかみついて細胞を壊死させてしまうこともあるそうです

　まさか親の敵を子どもが討っているつもりでもないでしょう。

NARA-
KIHACHI.

泳ぎは下手でも牙がある

ガムシ

ガムシはゲンゴロウによく似ていますが、ゲンゴロウのように上手に泳ぐことができません。

ゲンゴロウがオールのような後ろ足で水をかいて、スイスイと泳ぐのに対して、ガムシは足をばたつかせて、泳ぐというよりは、水の中をゆっくりと歩いている感じです。それどころか、つかまるものがないと、水の中で溺れ死んでしまうことさえあります。

また、ゲンゴロウがオタマジャクシなどを食べる獰猛な肉食なのに対して、ガムシは水底の枯れ草などを食べる草食性の昆虫です。ただし、成虫は草食でおとなしいガムシですが、幼虫はタニシなどを捕食する肉食性です。

ガムシは漢字では「牙虫」と書きます。つまり牙《きば》の虫なのです。

こんなにおとなしい虫に、どうしてこんなに勇ましい名前がつけられたのでしょうか。

ガムシは胸の下に、後ろに長く伸びた針のような突起を持っています。これを牙に見立てて「牙虫」と呼ばれるようになったのです。

残念ながら、この牙にどのような意味があるのかは、よくわかっていません。

ガムシは水中で行動をするために、水面で取り入れた空気をお腹の下にためます。ガムシを見ると、腹側が銀色に見えるのは、ためた空気が反射するためです。もしかすると、腹側に伸びた牙は、空気を取り込み、空気をためるのに役立っているのかもしれません。

田んぼの中のミクロな世界

小型ゲンゴロウ類・ヒメカメノコテントウ・ケシカタビロアメンボ

田んぼの中をそーっとのぞいてみると、水の中を黒いゴマのような小さな小さな生きものが忙しそうに泳ぎまわっています。

体長わずか数ミリの体は、ミジンコのようにも見えますが、これでもれっきとしたゲンゴロウの仲間です。

田んぼに棲む小さなゲンゴロウにはさまざまな種類がありますが、これらのゲンゴロウは、その名もチビゲンゴロウやツブゲンゴロウ、ケシゲンゴロウなど、いかにも体が小さいような名前がつけられています。

ほかにも田んぼには、小さな小さな虫が活躍しています。

イネの葉っぱに小さな小さなテントウムシが止まっています。よく見ると羽にはちゃんと模様もあります。

体長五ミリに満たないこのテントウムシは、ヒメカメノコテントウです。小さくても害虫を食べてくれる立派な益虫です。

水の上を見てみると、ほこりのように小さな虫が動いています。

この正体はケシカタビロアメンボと呼ばれる小さな小さなアメンボの仲間です。体長わずか二ミリしかありませんが、アメンボと同じように、水面に落ちた害虫を退治すべく水の上をパトロールしています。

目には見えなくても、田んぼのミクロな世界では、小さな小さな虫が活躍しているのです。

ウナギ

ちっぽけな地球

「昔は田んぼでよくウナギがとれた」という話をよく聞きます。ウナギはもともと川に棲みますが、遡上能力が高く、田んぼの中まで上ってくるのです。しかし今では、ウナギがとれる田んぼは少なくなってしまいました。

ウナギの一生は謎に満ちています。田んぼや川で大きくなったウナギは、川を下って海に出ます。そして、大海原を移動するのです。最新の研究では、太平洋のグアム沖にウナギの産卵場所があることがわかってきました。ウナギは卵を産むために、はるか三〇〇〇キロもの旅をするのです。

卵からかえったウナギの稚魚は、黒潮に乗って日本の沿岸にたどりつきます。そして、川を遡り成長を遂げるのです。

ウナギにとって地球はちっぽけな存在なのかもしれません。スケールの大きい生き方は、私たちの想像をはるかに超えています。

どうしてこんなに長い道のりを旅するのか。ウナギの生態はいまだ謎に包まれています。しかし、ウナギは遠い昔から、世代を超えて地球をめぐる旅を続けてきたのです。

もし海が豊かでなかったら、ウナギの稚魚は日本にたどり着くことはできません。もし、川の流れがせき止められていたら、ウナギは川を上ることができません。南太平洋から田んぼまでが、一本の水でつながって、はじめてウナギは田んぼにやってきます。田んぼにウナギがいるというのは、じつにすごいことなのです。

めざすは
ふるさと
NARA-
KIHACHI.

渡りをするチョウ

イチモンジセセリ(稲つと虫)

田んぼでよく見かけるチョウにイチモンジセセリがいます。

羽の裏の白い斑点模様が一文字に並んでいることから、その名がつけられました。

地味な色合いから、ガに見間違えられることもありますが、れっきとしたチョウの仲間です。

イチモンジセセリの幼虫はススキやエノコログサなどのイネ科の植物を餌にするため、都市部の空き地などでもよく見られますが、田んぼのイネも餌にする害虫でもあります。

幼虫は、イネの葉をつづりあわせて、「つと」のような巣を作ることから、稲つと虫と呼ばれています。つとというのは、ワラなどを束ねて、ごはんや納豆などを包むものです。

こうしてイネの葉で身を隠しながら、頭だけ出してイネの葉を食べていくのです。

ところでイチモンジセセリは、渡り鳥のように渡りをするチョウとして知られています。

イチモンジセセリは年に何回か発生しますが、夏から秋に羽化したイチモンジセセリは、次の世代の卵を産むために、より暖かい地域を目指して移動するのです。その距離は最長で一〇〇キロにも及ぶといいますから、驚くべき飛翔能力です。

昔は、イチモンジセセリが群れをなして大移動するようすが見られたようですが、季節の風物詩であったその光景も、最近では発生数が減少し、すっかり見られなくなりました。

NARA KIHACHI.

宇宙生物の出現？

ヤゴ

ヤゴは漢字で「水蠆」と書きます。「蠆《たい》」という のはサソリのことです。どうして、こんな恐ろしい 名前をつけられたのでしょうか。

ヤゴのあごは折りたたみ式になっています。そして、小魚やオタマジャクシなどが近づくと、折りたたまれたあごをすばやく伸ばして、あごの先の鋭い牙で獲物を捕らえます。ヤゴは水中の獰猛なハンターなのです。

ヤゴの目は左右に大きく離れています。この両目で獲物までの距離を測って、正確にハンティングすることができるのです。

また、田んぼに一般に見られるアカネ類やシオカラトンボ、ギンヤンマなどのヤゴは、お尻から水を勢いよく噴出して、ジェット噴射で水中をすばやく移動することも可能です。

ロボットアームのように伸びるあごとジェット噴射の推進力。ヤゴの不思議な生態は、まるでＳＦの世界です。そういえば、ヤゴの顔は、ＳＦに登場する宇宙人のようにも見えます。

近未来的な姿のヤゴですが、じつは生きた化石ともいうべき古い時代の生きものです。何しろ、恐竜の時代よりも古い古生代の地層から、現在と変わらない姿のヤゴやトンボの化石が見つかっているのです。

トンボの進化は多くの謎を残しています。まさか、遠い昔に地球外からやってきた生きものなのか……。ヤゴの顔を見ていると、そんな空想を信じてしまいそうです。

勝利を招く虫

トンボ類

カブトムシは長く突き出た角が利剣を立てた兜《かぶと》の形に似ていることから名づけられました。また、クワガタムシは突き出たあごが、兜の前面につけられた鍬形と呼ばれる装飾品に似ていることから名づけられました。

生きるか死ぬかの戦場で、武勇を誇示し、武運を祈るために、武将は兜にさまざまな装飾を施しました。その中でもモチーフとして好まれたのが、トンボです。

それにしても、強そうな生きものはほかにいくらでもいるのに、どうして、トンボだったのでしょうか。トンボは田んぼのまわりを飛びまわっては、害虫を食べてくれる益虫です。その、すばやく害虫を捕らえるようすから、「勝ち虫」と呼ばれ、縁起の良い虫とされてきたのです。

もともとは、雄略天皇が狩りに出かけたときに、腕を刺したアブをトンボがくわえていった故事に由来しています。

また、前へ前へと飛んで、決して後ろに退かない勇猛さが武士に好まれたといいます。

しかし、前に飛ぶのは他の昆虫も同じです。それどころか、むしろトンボは、前に飛ぶだけではなく、ホバリングして空中静止したり、バックしたりすることさえできる数少ない昆虫なのです。

トンボは発達した胸の筋肉がそれぞれの羽を直接動かすしくみになっているので、器用な飛び方が可能なのです。

進むも退くも自由自在。縦横無尽に飛びまわる能力こそ、戦い上手な勝虫と呼ぶにふさわしいのかもしれません。

超スピードの攻略法

ギンヤンマ

大型のトンボの種類をヤンマといいます。ヤンマ類は飛ぶスピードが速いため、餌を見つけるために大きな目を持っています。ふつうのトンボは目と目の間が離れていますが、ヤンマ類は大きな両目がくっついているのが特徴です。

田んぼの環境でよく見られるのがギンヤンマです。体の大きいギンヤンマは、虫捕り少年にとっては、あこがれの獲物です。

ところが、虫捕り網で追いかけても、ギンヤンマは簡単にはつかまえることができません。ヤンマ類の飛行スピードは五〇～一〇〇キロにもなるといわれていますから、虫捕り網では追いつかないのです。

そこで、ギンヤンマをつかまえるために、子どもたちが考えたのがトンボ釣りです。

トンボ釣りはトンボのメスを糸でつないで飛ばす方法です。そして、メスのトンボを目指して飛んできたオスのトンボをつかまえるのです。

また、糸の両端に小石を布で包んだ重りをつけて、くるくる回るように空へ放り投げる方法もあります。オスは動体視力がよく動くものに反応するので、回転しているものを羽ばたいているメスと勘違いして近づく性質があるのです。今の子どもたちがゲームを攻略するように、昔の子どもたちはヤンマの習性を観察してさまざまな釣りの技を考えだしたのです。

しかし、最近ではギンヤンマが見られる田んぼは少なくなりました。そして、トンボ釣りをする子どもたちの姿も過去のものとなりつつあります。

NARA
KIHACHI

空色の眼鏡

シオカラトンボ

田んぼでよく見られるトンボに、シオカラトンボがいます。シオカラトンボの水色の体は、緑の濃い夏の田んぼによく映えて目立ちます。

「とんぼの眼鏡は水色めがね　青いお空を飛んだから」と童謡「とんぼのめがね」に歌われるように、シオカラトンボは目もきれいな空色です。

シオカラトンボは、未成熟のうちは黄色い色をしていますが、成熟すると青白い粉を吹いたような色に変化します。これが、塩辛こんぶの塩に見立てられ「塩辛とんぼ」と名づけられたのです。

一方、シオカラトンボのメスは、ずっと黄色い色をしています。そのため、若いオスの個体やメスは、黄色い体を麦わらに見立てて、俗にムギワラトンボと呼ばれます。

成熟したシオカラトンボのオスは、縄張りを作り、縄張りに侵入したオスを追い払います。田んぼの上を飛びまわるのは、縄張りをパトロールしているためです。

そして、シオカラトンボのオスは、縄張りに入ってきたメスと交尾します。

交尾をしたメスは水面に産卵をしますが、オスは、他のオスに邪魔されないように、産卵するメスを警護するように飛びます。

ムギワラトンボの産卵は、水面の光の反射に反応して行われています。そのため、畑に張られたビニールマルチや車のボンネットに産卵してしまうこともあります。

NARA-
KIHACHI.

ものまねで生きる

タイヌビエ

数ある田んぼの雑草の中でも、もっとも嫌われる雑草がヒエです。

しかし、田んぼに生えるタイヌビエというヒエから見れば、人間はなくてはならないパートナーといえるでしょう。何しろこのタイヌビエは、田んぼの雑草として進化した結果、田んぼ以外の場所でほとんど生えることができないまでに、水田環境に適応しているのです。

田んぼの専門家であるタイヌビエは、繰り返される田の草取りも見事に克服しました。

昆虫などが身を守るために、葉っぱや木の枝などに似た姿をすることを擬態といいます。じつはタイヌビエも擬態をするのです。

「木を隠すには森」といわんばかりに、タイヌビエは田んぼにたくさんあるイネそっくりに姿を似せています。イネとタイヌビエを一目で見分けることは容易ではありません。

長い米作りの歴史の中で、毎年ていねいに田の草取りが繰り返されてきました。そして、少しでもイネに似た個体が生き残っていくうちに、ついにはイネそっくりの雑草が誕生したのです。

私たち人類は、長い年月をかけて、優れた個体の選抜を繰り返し、さまざまな米の品種を作り上げてきました。しかし一方では、イネに似ていないヒエを抜き続けることで、イネそっくりなヒエを知らず知らず選抜していたのです。

タイヌビエはまさに、稲作の歴史が作り出した雑草なのです。

歴史ある雑草

コナギ

『万葉集』にこんな歌があります。

「苗代の子水葱《こなぎ》が花を衣に摺りなるるまにまに何か愛しけ」

コナギの花を擦りつけた衣が、着慣れるとだんだんと愛らしくなるように、あなたのことが愛おしい、という女性に向けた恋の歌です。

現代では、やっかいな田んぼの雑草として名を馳せているコナギも、昔はこんなにロマンチックな存在でした。そういえば、恋の歌にふさわしくコナギの葉っぱはハート形をしています。

コナギの花は、稲株の陰でひっそりと咲いているので、なかなか目にすることはありません。しかし、よく見ると青紫色の花びらに黄色いおしべのコントラストが美しく、なかなか高貴な花です。

歌にあるように、昔は、青紫色のコナギの花は染料として用いられました。

また冒頭の歌のほかに、『万葉集』にはコナギの歌が二種ありますが、そのどちらも、コナギの苗を育てていたという歌です。

『万葉集』の歌ではコナギは「葱《ねぎ》」という字を使って「子水葱」と書きます。じつは、昔の人はコナギを野菜として栽培していたのです。

コナギはイネといっしょに日本に渡ってきたと考えられています。つまり、日本に稲作が始まった頃、コナギはすでに田んぼの雑草だったのです。

それでも、昔の人たちはそんな雑草さえもしっかりと利用していたのです。

イボクサ

そーっと田んぼに入り込む

男性が夜中にそっと女性のところに忍び入ることを夜這いといいます。

昔の農村では、よく夜這いが行われました。もともと男性が女性の家に通う婚姻形態である通い婚を意味するこの風習は、農村では村のルールに従って行われる男女交際でした。ところが、明治政府の欧米の道徳を重んじた風紀統制によって夜這いは禁止され、いつしか不純なイメージがつきまとうようになってしまったのです。

田んぼの雑草には、この夜這いの風習に由来して、「夜這い草」と呼ばれる植物があります。夜這い草と呼ばれる植物は、畦に根付いているが、茎をずんずんと横に伸ばして這いながら、田んぼの中に忍び込んできます。このようすから夜這い草と名づけられたのです。

イボクサは夜這い草の代表的なものです。草の汁をつけるとイボが取れることから、「イボ取り草」に由来して名づけられました。

イボクサは水深の浅い畦際に芽を出して、分枝した茎を這わせながら田んぼの中に侵入していきます。さらに茎には節があるので、節から伸ばした根を下ろしてどこまでも伸びていくのです。やっかいな雑草ですが、ツユクサの仲間で、ピンク色のかわいらしい花を咲かせます。

夜這いが過去のものとなった現代では、すばやく伸びていくようすから、地域によっては夜這い草の仲間は「新幹線」と呼ばれているところもあります。

不思議なイエローマジック

コブナグサ

「うさぎ追いしかの山　小ぶな釣りしかの川」

童謡「故郷《ふるさと》」で歌われる小ぶなに葉の形が似ていることから名づけられたのが、コブナグサです。コブナグサは、田んぼの畦際に見られるごくありふれた雑草ですが、八丈島では刈安《かりやす》と呼ばれ、黄八丈という絹織物の染料として使われています。もともと八丈というのは八丈（一丈は三メートル）の長さに織り込んだ絹織物をいいました。この八丈が特産だったため、八丈島と名づけられたのです。

さて、黄八丈はその名のとおり、明るい黄色をした織物です。

ところが、コブナグサはイネ科の植物なので、黄色い花を咲かせるようなことはありません。もちろん、茎や葉も緑色をしています。それなのに、どうしてコブナグサを黄色の染料として使うことができるのでしょうか。

コブナグサの煮出し汁を絹糸に染み込ませても黄ばんだような色になるだけです。ところが、その後にツバキやサカキの葉の灰汁《あく》に浸けると鮮やかな黄色になるのです。

ツバキやサカキの灰汁はアルミニウムイオンを含んでいます。このイオンがコブナグサの色素と反応して、鮮やかな黄色を発色するのです。

黄八丈がいつ頃から作られていたのか定かではありませんが、平安時代にはすでに記録があります。金属イオンなどの化学的知識がなかった昔に、コブナグサから黄色を取り出す技術を考えだしていた昔の人の知恵には驚かされます。

浮き草稼業は侮れない

ウキクサ

よりどころのない不安定な仕事は「浮き草稼業」といわれます。

ウキクサはその名のとおり、水の上に浮かんで暮らしています。その体は、葉っぱが一、二枚浮いていて、ひっくり返すと葉の裏から根が出ているだけの、いたって単純なものです。

しかし考えてみると、葉から直接、根が出ているというのは少し奇妙です。

じつは、葉に見える部分は茎の部分です。ウキクサは、体の構造をできるだけ単純にするために葉が退化し、代わりに葉状体という葉のような器官を発達させたのです。

葉状体は、中に空気をためて浮き袋のように水に浮かぶしくみになっています

葉状体の表面には細かい毛が無数に生えていて、水をはじきます。一方、裏側は水に吸いつきやすくなっています。こうして水面にくっついて転覆しにくくしているのです。さらに、葉状体から伸びた根の先端には、根帽と呼ばれるふくらんだ重りが葉状体を安定させています。浮いているだけに見える生活もいろいろと工夫があるものです。

ウキクサは、新しい葉状体を生み出しながら見る見る田面に広がっていきます。その増殖率は、一〇〇日間で四〇〇万倍というからすさまじいものです。

ウキクサが覆い尽くした田んぼは、雑草の発生が抑えられます。しかし、良い点ばかりではありません。一方では、太陽の光を遮るために水温が下がり、イネの生長も抑えられてしまいます。浮き草稼業とはいえ、侮れない存在なのです。

NARA KIMACHI.

ゆっくり休む場所がない

ヒル（チスイビル）・ヒルムシロ

田んぼにはだしで入るときに気をつけたいのが、ヒルです。

ヒルは、日頃はドジョウやカエルなどを獲物にしていますが、時には人間の足に吸いついて血を吸うことがあるのです。

田んぼにいるヒルは、チスイビルかウマビルです。

このヒルが休むときに筵《むしろ》の代わりにしたといわれているのがヒルムシロという雑草です。ヒルムシロは水面の上にちょうどヒルの形をした葉を広げています。

実際に、葉の上にヒルがいることはありませんが、ヒルの筵に見立てられたのです。

その昔、やっかいな雑草の代表として「畑にジシバリ（あるいはコウブシ）、田にヒルムシロ」といわれました。ジシバリやコウブシ（ハマスゲ）は、茎を這わせて蔓延するやっかいな雑草です。この雑草と相対する田んぼの雑草の代表として、ヒルムシロが挙げられているのです。

田んぼは、水の深さが変化します。水の深いところでは、水中に沈んだ葉っぱは糸状で、細長く水草のような形をしています。また、水が引いて地面が露出すると、畑の雑草のようにふつうに育つこともできます。こうして田んぼという特殊な環境に適応しているのです。

ところが恐れられた強害草も今は昔。除草剤の普及によって、田んぼでヒルムシロの姿を見ることはほとんどなくなりました。田んぼのヒルも休むところに困っているかもしれません。

NARA-
KIHACHI.
オイシイ〜

田の草のレクイエム

デンジソウ・スブタ

シダ植物のデンジソウは四つ葉のクローバーのような葉っぱが特徴的です。デンジソウは漢字で、「田字草」と書きます。四つ葉が田の字に見えることから、そう名づけられました。

かわいらしい姿に似合わず、デンジソウはかつて田んぼの強害草でした。ところが、除草剤の登場により、デンジソウは急激に減少し、草取りされるどころか、今では絶滅が心配されて保護活動が行われるまでに、その数を減らしています。

話はデンジソウだけではありません。雑草というと、しぶとくて困り者のイメージがありますが、意外なことに田んぼの雑草の中には、環境省の指定する絶滅の恐れがある植物のリストに挙げられているものが少なくないのです。

スブタも絶滅が心配される水田雑草です。中華料理を連想させるおいしそうな名前ですが、たくさんの細い葉を丸く広げたようすが、簀を編んだふたのように見えることからスブタと名づけられました。昔は、女性の髪が乱れたようすを、スブタの葉が水中を漂うようすに見立てて、すぶた髪といったそうです。

しかし今では、そんな言葉は死語となり、スブタもまた、姿を消そうとしているのです。

昔の人々にとって、田の草取りは大変な重労働でしたが、除草剤の登場は人々を草刈りの苦労から解放してくれました。ただ、その一方で雑草さえ絶滅してしまう時代なのだと思うと、素直に喜べない気持ちもします。

雑草魂で最後の抵抗

ミズアオイ

ミズアオイは、田んぼの雑草ですが、秋になると鮮やかな紫色をした美しい花を咲かせます。

同じ仲間のコナギとよく似ていますが、茎が高く伸びて葉より高い位置で花を咲かせる点で区別できます。

コナギと同じように、稲作と共に日本に渡来してきました。昔は、ミズアオイとコナギは区別されておらず、どちらも水葱《なぎ》と呼んで、食用にしていました。

ミズアオイは「水葵」と書きます。水の葵と書くのは、林野に生えるフタバアオイに葉の形が似ていることに由来します。ちなみに山の葵と書くと山葵《わさび》になります。

徳川家の三葉葵の紋は、フタバアオイの葉をデザインしたものですが、一説には家康の祖父が凱旋の祝宴で、酒肴をミズアオイの葉に盛って出されたのを喜んで、「立葵の紋」を家紋としたことに由来するともいわれています。

そんな由緒あるミズアオイですが、残念ながら除草剤の普及によって、急速に姿を消していきました。今では絶滅が心配されるまでに、その数を減らしています。

ところが、ミズアオイも然《さ》る者です。

最近では、北海道で除草剤の効かない抵抗性のミズアオイが出現し、雑草としての復権を図っています。ミズアオイは各地で絶滅危惧種として保全される一方で、雑草として邪魔者にされているのですから、何とも不思議な話です。

畳の文化は田んぼで育つ

イグサ・シチトウイ

植物の中で、一番短い名前は「イ」です。もっとも、一文字ではわかりづらいので、一般には「草」をつけて「イグサ」と呼んでいます。

古い時代の言葉では、一文字の植物はほかにもあります。チガヤは古くは「チ」と呼ばれましたが、やがて「茅」をつけてチガヤと呼ぶようになりました。また、「キ」と呼ばれた植物は白い茎の部分を根に見立てて、「根葱《ネギ》」と呼ぶようになりました。また、「エ」と呼ばれた木は、今では「エの木（エノキ）」と呼ばれています。

このように、かつては一文字で呼ばれる植物もいくつかありましたが、「イ」だけは現在でも正式な和名が一文字だけです。イグサは、湿地などに生える植物ですが、雑草として田んぼに生えることもあります。

イグサは、古くから改良されて、細く長い茎を畳表やござの材料とするために栽培されてきました。湿度が高い日本では、吸湿性の高いイグサは敷物の材料として優れていたのです。

イグサは稲刈りが終わった後の冬の田んぼに植えつけられて、翌年の夏に収穫されます。昔は、イグサを刈り取った後に、イネを植えつけて二毛作をしていました。

カヤツリグサの仲間のシチトウイも、イグサと同じように畳の材料に使われました。カヤツリグサの仲間は三角形の茎をしており、とても丈夫なので、シチトウイは、柔道用の畳としても用いられました。

NARA—
KIHACHI.

縄になったトカゲ

カナヘビ・ニホントカゲ

田んぼの畦道の草むらをちょろちょろと動きまわっているのはカナヘビです。カナヘビはトカゲの仲間ですが、しっぽが長いことから「ヘビ」と名づけられました。カナヘビの名前の由来ははっきりとはしませんが、一説には「愛らしいヘビ」の愛へび（マナヘビ）に由来するといわれています。一方、現代では「草原の王者」の異名があります。カナヘビは山から都市近郊の住宅地まで、さまざまな場所で見られますが、特に開けた草むらによく見られ、田んぼの畦でも、よく姿を見かけます。

畦道にはカナヘビだけでなく、ニホントカゲも見られます。ニホントカゲの大人は黄褐色ですが、幼い個体は光沢のある鮮やかなメタルブルーをしています。昔はこの色に見立てて、光の当たり具合で色が変化する織物の色を「とかげ色」と呼びました。

「易」という漢字は、木に登ったトカゲをかたどって作られた象形文字です。トカゲは漢字で「蜥蜴」と書きますが、もともとは虫偏がなく「析易」と書きました。トカゲは体色が変わることから、「析易」には変化という意味があります。そして、易は変わりやすい意味から転じて、「貿易」のように入れ替えるという意味や、「易者」のように占いという意味になったのです。その漢字の基になったトカゲの種類は明らかではありませんが、「十二時虫」と呼ばれ、一日に一二回体色を変えるトカゲであったと言い伝えられています。

トカゲはほかにも漢字の基になりました。縄というつくりの「黽」は、もともとカエルやトカゲを表す感じです。縄はトカゲのしっぽのように長いため「縄」という字が作られたのです。

畦のように
長い!!
ん!?

田偏に鳥で何と読む？

タシギ

　田んぼにはさまざまな鳥がやってきますが、漢字で田んぼに鳥と書くのが「鴫《しぎ》」です。その字のとおり、シギは田んぼでよく見られる鳥です。

　田んぼや湿地の多い日本では昔から多くの種類のシギがいました。「鴫」という字は、すでに『古事記』や『万葉集』に記されています。

　なかでも田んぼでよく見られるのがタシギ（田鴫）です。

　タシギは秋になると越冬のためにやってくる渡り鳥ですが、多くは日本を経由して南方まで渡っていきます。そのため、特に日本に立ち寄る秋や春に多く見られるようです。

　シギの仲間はずんぐりとした丸い体に長いくちばしが特徴的です。タシギは長いくちばしを地面に差し込んで、土の中に潜む虫や小動物を食べます。そのためタシギが餌を食べた後には、田んぼにたくさんの穴があいています。

　茶褐色と黒色と白色の複雑な模様は、何とも地味な色合いですが、枯れ草の中や土の上では天敵に見つかりにくい効果的な保護色となるのです。

　また、警戒心が強いので危険を感じると天敵に見つからないように、じっと動かずに静止します。このようすが、禅僧が静かにお経を読んでいる姿に見えることから、「鴫の看経《かんきん》」と呼ばれています。

　ところで、ナスを焼いて味噌をつけたものを「鴫焼き」といいます。これはもともと実をくりぬいたナスに、シギの肉を入れた味噌を詰めたものに由来します。昔はシギの肉は食用にされていたのです。

NARA—
KIHACHI.

田んぼを守る鳥

ゴイサギ・ミゾゴイ・バン

漢字で「田んぼの鳥」と書く鳥はシギだけではありません。

今は使われませんが、「田」の下に「鳥」と書いてオスメドリと読む国字があります。また、オスメドリは「護田鳥」と書くときもあります。つまり田んぼを守る鳥なのです。

オスメドリの正体ははっきりしませんが、ゴイサギやミゾゴイ、バンなどではないかと考えられています。

ゴイサギやミゾゴイは醍醐天皇から五位の位を与えられたことに由来する、由緒ある名前です。

ゴイサギは夜行性で昼間は樹上などで休んでいますが、夜になるとクァークァーと大きく鳴きながら田んぼや水路にやってきて餌をとります。

ミゾゴイは田んぼにはやってきませんが、夜行性で、水源に近い山の田んぼの周辺の渓流部でボーッボーッと大きな声で鳴きます。

ゴイサギもミゾゴイも夜の間に田んぼを守り、「護田鳥」の名がふさわしいように思います。

一方、バンはどうでしょうか。バンはその名も「田んぼの番」をすることから名づけられました。漢字でも番をする鳥という意味で「鷭」と書きます。

水辺に巣を作るバンは、枯れ草を集めて田んぼの中にも巣を作ることがあります。そして縄張りを守るために大きな声で鳴くのです。バンの鳴き声は「鷭の笑い」と呼ばれ、夏の季語にもなっているほどです。

三種ともいずれ劣らぬ「護田鳥」たちです。

NARA
KIHACHI.

天の川の砂のかたまり

シラサギ類(ダイサギ・チュウサギ・コサギ)

宮澤賢治の『銀河鉄道の夜』にはこんな台詞があります。

「さぎというものは、みんな天の川の砂が凝って、ぼおっとできるもんですからね」

確かにシラサギは、天の川のように透き通った白い色をしています。一説によるとサギの名前は羽が白いことから「サヤケキ(鮮明)」に由来するといいます。また「鷺」という漢字も、路は露を意味し、露のように透き通る白い鳥という意味です。

シラサギはサギ類の代表的な存在ですが、実際には、シラサギは白い色をしたサギの総称です。一般に田んぼでよく見かけるシラサギにはダイサギ、チュウサギ、コサギの三種がいます。その名のとおり大きさの異なる三種ですが、見分けるのは簡単ではありません。ダイサギはくちばしが長いのに対してチュウサギはくちばしが短いのが特徴です。また、コサギは足が黒ですが、靴を履いているように足指が黄色い点で区別できます。

昔は、もっとも多く見られるシラサギはチュウサギでした。ところが、一九七〇年頃からチュウサギは減りつつあります。代わりに最近ではコサギの数が増えつつあるようです。

ダイサギやコサギは田んぼだけでなく、川や池などさまざまな水辺で餌をとります。長いくちばしが水の中の魚やカエルなどを食べるのに適しているのです。これに対して、くちばしの短いチュウサギは水深の浅い田んぼで餌をとります。チュウサギが減少している原因はわかりませんが、もしかすると田んぼの生きものが減っていることが原因しているのかもしれません。

ワタシ達、シラサギ三兄弟
ダイサギ
チュウサギ
コサギ
NARA-KIHACHI.

妖怪に見間違えられた

アオサギ・ゴイサギ

アオサギがグェーッと低い声で一鳴きしながら大きな翼を広げて田んぼへ下りてきました。アオサギは日本最大のサギで、羽を広げると二メートル近くにもなる大きな鳥です。

その迫力は、まるで恐竜時代の翼竜を思い起こさせます。鳥類は恐竜が進化したという説を妙に納得させる鳥です。

アオサギという呼び名は平安時代から見られます。また「みとさぎ」や「みとまもり」という表現もあります。水戸というのは水の入り口のことです。もっとも、明治時代までは、アオサギは別種のゴイサギと混同されていました。

ゴイサギは「五位鷺」です。五位鷺の由来は、『平家物語』の中で「醍醐天皇の勅命に従って潔く捕まったことから、五位の位を授けられた」とされています。もっとも、ゴイサギは夜行性で昼間は眠っているので、容易につかまったのが真相だと考えられています。

アオサギやゴイサギは夜の闇の中で鳴くため、不気味です。

特に夜行性のゴイサギは、クワッ、クワッと大きな声で鳴きながら飛びます。さらには羽が光るといわれて、「青鷺の火」や「五位の光」と呼ばれて妖怪視されていました。

この正体は、夜行性のゴイサギがくわえて飛ぶ魚の表面の発光細菌が、青白く光っていたのではないかと推察されています。

人魂が空を飛び去っていったという妖怪話や、柳の木が青白く光ったという怪光現象も、ゴイサギの仕業であると考えられています。

グェーッ
NARA KIHACHI.

田んぼの中の森

フクロウ

夜になると鎮守の森からフクロウの声が聞こえます。その声は昔から「五郎助ホーホー」などと聞きなしされてきました。

フクロウは大木のうろなどを巣にしながら、夜になると農作物を食い荒らすネズミなどを退治してくれます。

鎮守の森は村の重要な場所に配置され、村祭りなどが行われます。

昔から大切に守られてきた鎮守の森は、本来その地域にあるべき豊かな自然林である極相林を形成しているといわれています。寒い地方ではブナ林などの落葉樹林、暖かい地方ではシイやカシの照葉樹林が極相林です。

極相林になるためには、長い年月が必要なので、これだけ森林に恵まれた日本でも、極相林と呼ばれる森はごく限られています。鎮守の森は小さくても、自然豊かな貴重な場所なのです。

鎮守の森は田んぼの真ん中に置かれることもあります。

「美味しいお米は森が作る」といわれます。森から湧き出た栄養分豊かな水は、田んぼを潤し、イネを育てます。鎮守の森はそんな森の恵みを象徴する場所でもありました。そのため、人々は田んぼの真ん中に森を守り、神を祭ったのです。

フクロウは豊かな森にしか住むことができません。そのため、フクロウがいる森は栄えるといわれてきました。田んぼや畑に囲まれた鎮守の森は小さくても、フクロウにとっては豊かな森なのです。

ホー
ホー
NARA-KIHACHI.

田んぼの中の花畑

イネの花

田んぼでは、さまざまな生きものを観察することができますが、もっともふつうに見られる生きものは何でしょうか。

田んぼの生きものの主役は、もちろんイネです。植物にとってもっとも輝けるのは花の季節ですが、夏になるとあちらこちらの田んぼで、イネが花を咲かせるようすを見ることができます。

そうはいっても、イネの花はなかなか目につきません。植物の花が鮮やかに色づくのは、昆虫を呼び寄せて花粉を運ぶためです。一方、イネ科の植物は一般に風で花粉を運ぶため、他の花のように目立たせる必要がないのです。

イネの穂についている一つ一つの緑色のモミが、イネのつぼみです。やがて、モミの殻が開いて、中から六本の黄色いおしべが現れます。これがイネの花です。淡い緑色をしたイネの花は、よく見るとなかなか美しいものです。

しかし、イネの花が咲いているのは、わずかな間です。イネの花は朝に開いて、午前中には閉じてしまいます。美しくもはかない花なのです。

一つの穂には百くらいの花がついていて、毎日、順番に咲いていきます。そして、この一つ一つが、私たちの食べるお米になるのです。まさに、田んぼを舞台にした命のドラマのクライマックスといっていいでしょう。

田んぼでは、田植えや稲刈りの体験が盛んに行われます。しかし、イネがもっとも輝いている季節を多くの子どもたちが知らずにいることは、少し残念な気がします。

カワイイ〜
NARA-KIHACHI.

祖先のまなざし

ショウリョウバッタ・ウスバキトンボ（精霊とんぼ）

ショウリョウバッタは漢字では「精霊飛蝗」と書きます。精霊とは死者の魂のことです。お盆になると祖先の霊が子孫の元へ戻ってくるといわれています。ショウリョウバッタはお盆の頃に目立つので、そう呼ばれているのです。

また、細くとがった形が、死者の魂を弔って川に流す精霊舟に形が似ていることも、名前の由来とされています。

ショウリョウバッタは行動範囲が狭く、わずかな草むらを利用して生きていくことができます。田んぼの畦などでよく見かけることができるのは、そのためです。

オスよりメスのほうが大きく、小さなオスはキチキチと音を立てて飛ぶことから、キチキチバッタと呼ばれます。一方、体の大きなメスは飛ぶこともなく、動きが鈍いので簡単につかまります。逃がそうとしても、なかなかそばから離れません。人に寄り添うようなこのようすが、子孫を見守る祖先の霊を連想させたのかもしれません。

一方、ウスバキトンボは「精霊とんぼ」と呼ばれます。ウスバキトンボも、お盆の頃に田んぼのまわりで多く見られます。そして、祖先の魂を運んでくると伝えられているのです。

トンボは同じところに止まる習性があるため、飛び上がったかと思うと、また元のところに戻ってきます。時には帽子や肩にちょっと止まっては、また離れます。そのようすは、まるで祖先が私たちを見守りながら、何かを語りかけているようです。

あ、ご先祖さま……
LOVE
NARA KIHACHI

殿様の大ピンチ

トノサマガエル・トノサマバッタ

ヒメタニシやヒメアメンボのように、小さくてかわいらしい生きものは、名前に「姫」とつけられます。

これに対して「殿様」と呼ばれる生きものもあります。トノサマガエルやトノサマバッタがそうです。カエルやバッタの中でも、特に大きくて立派なので「殿様」と名づけられているのです。

閻魔様の名を冠したエンマコオロギや、仏様の名を冠したホトケドジョウなど、立派な名前はほかにもあるのに、殿様だけが、「様」とついているのが面白いところです。

その昔、トノサマガエルやトノサマバッタは、子どもたちの身近な遊び相手でした。トノサマガエルは田んぼでもっともありふれたカエルでしたし、原っぱいっぱいにトノサマバッタがいたのです。しかし、そんな殿様たちも、いつしかめっきり少なくなってしまいました。

トノサマガエルは泳ぐのに適したスマートな体を持つ水辺のカエルです。汚れた水や、乾いた大地では生きていくことができません。また、トノサマバッタは遠くまでジャンプする力強い羽と足を持っています。そのため、広い原っぱがないと生きていけないのです。

現代は、殿様たちにとって、とても「あっぱれ」とはいえない世の中のようです。

今さら「殿様」の時代じゃない、といえばそうかもしれません。しかし、カエルやバッタと遊ぶ子どもたちの笑顔まで失われてしまわないようにと、今は願うばかりです。

NARA-
KIHACHI.

ミソハギ

先祖を迎える畦の花

ミソハギは別名を「盆花」といいます。ちょうど夏のお盆のころに、鮮やかなピンク色の花を咲かせるため、仏壇やお墓に供えられたのです。

もともとは湿地に棲息する植物ですが、田んぼのまわりの畦によく見られるのは、自然に生えたのではなく、お盆に使う目的で植えられたためです。

ミソハギの語源は「禊萩《みそぎはぎ》」であるといわれています。昔、盆棚の供物や御器にミソハギの花穂に含ませた水をかけて穢《けが》れを払う風習がありました。そのためミソハギにはミズカケグサという別名もあります。こうして、「禊ぎ」に使われるために禊萩と呼ばれるようになったのです。

それでは、どうして水をかけるために、ミソハギが利用されたのでしょうか。

江戸中期の国学者、天野信景は、昔の医書にミソハギが喉の渇きを止めるのに効くとあるので、お盆に帰ってくる仏様の渇きをいやすために、この草で水をかけるのではないかと推察しています。

ミソハギは花色が美しく、蜜も豊富なので、多くの昆虫たちが惹きつけられてミソハギの花を訪れます。

ミソハギの花には、めしべが長い長花柱花と、逆におしべが短い短花柱花の二種類があります。おしべが短い短花柱花を訪れたハチは、体の後方に花粉がつきます。このハチが長花柱花を訪れると、ちょうど長いめしべに受粉するのです。ミソハギはこうして、異なるタイプの花どうしで受粉することで、近親交配を巧みに防いでいるのです。

第3章

稔りの田んぼを全身で愛でて

田んぼは豊かな稔りのあるところ

栄養豊富な虫の王

イナゴ

聖書の『出エジプト記』に、こんな記述がありま す。

「朝になると東風が蝗《いなご》の大群を運んできた。蝗の大群はエジプト全土を襲い、エジプト全域にとどまった」

古来、大群をなして農作物を食い尽くす蝗の飛来は、人々に恐れられていました。

ここで蝗と表現されているのは、イナゴではなく、トノサマバッタのことです。トノサマバッタは旱魃《かんばつ》などで餌がなくなると、餌を求めて密集し、「群生相」と呼ばれる凶暴なタイプとなります。そして、新たな大地を求めて群れとなって飛来するのです。

中国では、この恐ろしい昆虫を虫の王の中の王という意味で「蝗《コウ》」の字を使いました。

中国大陸では人々に恐れられたトノサマバッタですが、日本ではめったに大発生することはありません。そのため、「蝗」という漢字は、日本では田んぼに被害をもたらすイナゴに当てられたのです。

日本では、イナゴはイネにたくさんつくので「稲子」とも書きます。

イナゴはイネの害虫である一方で、昔は貴重なたんぱく源として全国で食用にされてきました。秋の田んぼでとったイナゴは、佃煮や甘露煮として食べられます。

イナゴは、人間が食べることのできないかたいイネの葉を食べているので、ミネラルやビタミンなども豊富です。その栄養価の高さは、日本食品標準成分表にもしっかりと記載されているほどです。

イナゴの佃煮
ウヴッ
NARA KIHACHI.

赤とんぼの日本史

アキアカネ

「夕焼け小焼けの赤とんぼ」

日本には二〇種以上もの赤とんぼの種類がいますが、童謡「赤とんぼ」に歌われたのはアキアカネだといわれています。二番の歌詞の「止まっているよ、さおの先」がアキアカネの特徴を表しているというのです。

トンボは、さおにぶら下がって止まるタイプと、さおの先に止まるタイプがありますが、アキアカネは、さおの先に止まる代表的な赤とんぼなのです。

アキアカネは、大旅行をするトンボとしても知られています。田んぼなどで羽化したアキアカネは、水辺を離れて標高が一〇〇〇メートルを超えるような高地へ移動します。そして、秋になると、再び里に下りてきて卵を産むのです。この行動は、夏の暑さを避けるためだと考えられています。

アキアカネの祖先は氷河時代に北方から日本にやってきました。そして、氷河期が終わると、暑さが苦手なアキアカネは、高山で避暑をするようになったのです。

やがて、日本に稲作が伝わり、田んぼが拓かれるようになると、田んぼはアキアカネのヤゴが育つ場所となり、赤とんぼの飛ぶ田んぼの風景が広がったのでしょう。

毎年毎年繰り返される、アキアカネの大旅行。そして、赤とんぼの飛ぶ田んぼの風景もまた数千年もの間、繰り返されてきたのです。

さて、未来はどうでしょう。数千年後もこの原風景は変わらず日本に残っているでしょうか。

NARA
KIHACHI.

トンボの国

トンボ類・イトトンボ

日本の国のことを、古くは秋津島といいました。秋津とはトンボの古名です。日本は古くから田んぼが拓かれたため、水辺に暮らすトンボがたくさん飛んでいたのです。

『日本書記』によると、秋津島の呼び名は、神武天皇が大和の国を一望して、「秋津がつながっている姿のようだ」といったことに由来しているといわれています。いったいどんな姿だったのでしょうか。

トンボのオスは腹部の先端の突起で、メスの首をつかんで連結します。そして、メスは腹部の先端をオスの腹部の付け根と接して、輪のようにつながって交尾するのです。

なかでもイトトンボは、細い体がしなるので、オスとメスのつながった形が、ちょうどハート形に見えます。

トンボは弥生時代の銅鐸には、すでにその姿が描かれています。害虫を食べてくれるトンボは、日本では縁起の良い虫として大切にされてきました。田んぼの害虫を食べるのでトンボのことを「田の神」と呼ぶこともあります。

一方、西洋ではトンボは不吉な虫とされてきました。トンボは「空飛ぶヘビ」や「魔女の針」といった呼ばれ方をしてきたのです。

西洋のおとぎ話では、沼や湿地は不気味な場所として描かれます。湿地の周囲を飛ぶトンボもまた、気味の悪い存在だったのかもしれません。

日本ほどトンボになじみの深い国は世界でも稀です。まさしく日本は「トンボの国」なのです。

NARA
KIHACHI.

神に祈る虫

カマキリ

弥生時代に作られた銅鐸には、トンボやカエル、クモ、カマキリなどの絵が描かれているものがあります。

これらの生きものはどれも、イネの害虫を捕らえて食べるものばかりです。銅鐸はイネの豊作を祈り、収穫を感謝する祭事に使われていました。そのため、銅鐸に描かれた生きものはイネを守護する存在だったと考えられています。

俳句ではカマキリは秋の季語です。稲刈りの時期になると、黄色く色づいた田んぼに緑色のカマキリの姿が目立つようになります。

カマキリは別名を「拝み虫」といいます。両手の鎌をそろえて体を振るようすが、手を合わせて祈りを捧げている姿に見えることから、そう呼ばれているのです。

ちなみにカマキリの学名マンティスは、予言者に由来しています。

また、カマキリは英語では「祈る予言者」という意味で呼ばれますし、ドイツ語では、「神に祈る人」という意味で呼ばれています。洋の東西を問わず、カマキリの印象はよく似ているのです。

さて、カマキリは何を祈っているのでしょうか。

秋になると各地で行われる秋祭りは、収穫を神に感謝するためのものです。弥生時代も現代も、私たちが自然の恵みを受けて生きていることに何の変わりもありません。

もしかすると、毎年、秋になると現れるカマキリも、何千年も昔から、豊作への祈りと収穫の感謝を神に捧げ続けてきたのかもしれません。

NARA-
KIHACHI.

やっぱり鳥が怖い

ナガコガネグモ

秋になると稲株と稲株の間に、クモの巣が張られています。クモというと毛嫌いする人も少なくありませんが、クモはイネに被害を与える害虫を食べる大切な役割を果たしています。

特によく目立つのは、大型のナガコガネグモの巣です。

ナガコガネグモは、黄色と黒の美しい模様が特徴的です。反対に、お腹側から見ると人の顔のような模様をしています。

クモというと黄色と黒の模様を思い浮かべますが、この配色になにか意味はあるのでしょうか。

76ページのサナエトンボと同じように、この配色はハチの模様を模したものであると考えられています。

工事現場や踏み切りの遮断機に用いられるように進出色の黄色と後退色の黒はよく目立つ配色です。ハチはわざと目立って、自分が毒針を持つ危険な虫であることを鳥に警告しているのです。

虫たちに恐れられるクモも、鳥には敵いません。そのため、鳥には無害のクモですが、ハチの配色をちゃっかり拝借して身を守っているのです。

ところで、ナガコガネグモの巣をよく見ると、ごく小さなクモが数匹、居候しています。じつは、この小さなクモはオスのクモです。そして、巣の真ん中でよく目立つクモはメスなのです。

成体になったオスは、メスの巣にやってきて、餌のおこぼれに与《あずか》りながら、メスのクモが成体になるのをじっと待ちます。そして、メスが成体になると交尾をするのです。

Help me
NARA KIHACHI.

目玉模様で追い払え

節分の夜には、玄関先にざるや竹かごを掲げます。一つ目の鬼は、目がたくさんあるものを恐れると信じられているので、目が多いざるやかごで家にやってくる鬼を追い払ったのです。

目を恐れるのは鬼ばかりではありません。鳥も目玉模様を怖がることが知られています。秋になって稲穂が稔る頃になると、田んぼに目玉模様の風船を掲げるのは、稲穂をついばむスズメを追い払うための鳥よけです。

鳥が目玉模様を怖がるのは、それがヘビの丸くて大きな目玉への忌避反応を起こさせるためであると考えられています。そういえば、人間も「蛇《じゃ》の目」の模様を魔よけに使います。

目玉模様の鳥よけは、チョウの羽の目玉模様をヒントに発明されました。チョウやガの中には羽に目玉模様を持つものが少なくありません。

また、幼虫のイモムシも体に目玉模様を持つものが多くいます。こうして外敵の鳥から身を守っているのです。

ヒメウラナミジャノメ

田んぼでよく見かけるチョウにヒメウラナミジャノメがいます。この仲間は、羽に目玉模様がたくさんあるので蛇の目蝶と呼ばれているのです。ヒメウラナミジャノメの幼虫はイネ科の草を餌にするため、田んぼの畦などで育ちます。

ヒメウラナミジャノメの羽には、左右五つずつ以上の蛇の目模様があります。このチョウの学名アルガスは、ギリシャ神話に登場する、全身に目を持つ巨人アルゴスの名に由来して名づけられました。

ああ幻の豊年俵

ホウネンタワラチビアメバチ（豊年俵）

イネの葉先から糸でつながって小さな楕円形の物体がぶらさがっていることがあります。その形がお米を入れる俵のようなので「豊年俵《ほうねんたわら》」と呼ばれています。

はたして、豊年俵の正体は？　虫のさなぎでしょうか？　それとも何かの卵でしょうか？　はたまたカビの一種でしょうか？

その正体を突き止めようと、大勢で田んぼの中の豊年俵探しをしたことがあります。しかし残念ながら、みんなで散々探しても幻の豊年俵は結局、見つかりませんでした。

ところがです。カエルが嫌いだからと田んぼに入らずに、畦道に座ってふさぎこんでいた小学生の男の子が、ふと顔を上げたときに、葉っぱにぶらさがって風に揺れるものを見つけたというのです。それこそが、まさしく探していた豊年俵でした。

忙しく動いているときには、目に入らないのに、立ち止まって、しゃがみこんだときに初めて見えてくる世界があるということなのでしょう。

豊年俵の正体は、ホウネンタワラチビアメバチというハチの繭でした。このハチの幼虫は、フタオビコヤガやイチモンジセセリなど、イネの葉を食べる害虫に寄生します。豊年俵と呼ばれるのは、この繭が大発生する年には、イネの害虫が少なくなって豊作になるからなのです。

それにしても、田んぼの中の、一センチにも満たない小さな俵の大きな役割に気づいていた昔の人の自然を見る目には脱帽です。

雑草の天敵たち

コオロギ類・ゴミムシ類

夏の夜になると田んぼのまわりの草むらや畦では、コオロギたちが虫の音を奏ではじめます。

私たちがさまざまな虫の音を聞き分けて風流を楽しむことができるのは、日本人が虫の音を言語脳の左脳で聞いているからだとされています。一方、欧米人は右脳で聞くので、雑音にしか聞こえないそうです。

稲刈りが近づいて田んぼの水がなくなると、今まで畦で暮らしていたコオロギは、田んぼの中へと入っていきます。

じつは、私たちの耳を楽しませてくれるコオロギは、人知れず田んぼの中で活躍しています。

秋の田んぼは、さまざまな雑草が実をつけて、種子をばらまいています。雑食性のコオロギは、土の上に落ちた雑草の種子を食べて退治してくれるのです。

雑草の種子を食べてくれるのは、コオロギだけではありません。種子食性のゴミムシの仲間も田んぼの中にやってきて、せっせと雑草の種子を食べます。ゴミ呼ばわりとは失礼な、ゴミムシの大活躍です。

こうした虫たちの活躍によって、翌春の雑草の発生が抑制されるのです。

英国などでは、畑のまわりを草むらで囲み、ゴミムシの棲みかを作ることで畑の雑草の種子を減らす取り組みをしています。この草むらはゴミムシを集めることから、ビートルバンク（ゴミムシの銀行）と名づけられています。田んぼのまわりの畦は、いわば田んぼのビートルバンクなのです。

NARA KIHACHI

人間が作ったモンスター

斑点米カメムシ

「歌は世につれ、世は歌につれ」といいますが、時代と共に変化していくのは、歌ばかりではありません。田んぼの害虫も時代によって栄枯盛衰があります。

ニカメイガはかつて大害虫でしたが、農薬の普及や田植え時期の早期化、稲刈りの機械化などによって、現在では激減しています。

ツマグロヨコバイもかつては害虫でしたが、最近では発生数も少なく、ほとんど害のない虫になりました。

本来、自然界の生きものは互いに干渉しあいながら、どれもがつつましく生きています。ところが、人間が作った田んぼでは、その栽培環境にぴったり合った昆虫たちが大発生して、害虫として猛威を振るうのです。そのため、田んぼの栽培環境が変化すると、一変しておとなしくなることがあるのです。

現在の水田の栽培環境で、もっとも深刻な害虫はカメムシです。カメムシは一九六五年頃から問題になるようになりました。その原因は明確にはわかっていませんが、減反による耕作放棄地の増加が、カメムシが増加する原因になったと考えられています。

カメムシの中にはスギやヒノキの球果で幼虫が育つものがありますので、スギやヒノキの植林もカメムシ増加の一因となっています。また、果樹園の拡大によって増加したのではないかと考えられているカメムシもいます。

最近では地球温暖化によって、カメムシの増殖を活発にさせているという指摘もあります。不自然な害虫の多発生は、私たち人間の活動の結果によってもたらされているのです。

NARA-
KIHACHI.

謎めいた赤い花

ヒガンバナ

　秋のお彼岸の頃になると、決まってヒガンバナが咲きはじめます。

　ヒガンバナは種子ができない三倍体なので、種子で分布を広げていくことはできません。それでも、各地であちらこちらに見られるのは、古い時代に私たちの祖先が植えたからです。

　お彼岸になると一斉に咲くのは、原産地の中国から日本に伝えられたわずかな株をもとにして、増やされたからだと考えられています。

　ヒガンバナが咲く場所には、それを植えた昔の人々の思いが込められています。そう考えると、ヒガンバナの咲く土地が、かけがえのないもののように思えてきます。

　ヒガンバナは、昔の人にとって大切な植物でした。じつは、ヒガンバナは飢饉に備えた非常食だったのです。

　球根は有毒ですが、水にさらして毒を取り除くと豊富なでんぷんを得ることができます。

　それだけではありません。ヒガンバナの根は牽引根で、土を引き締めて土が崩れるのを防ぎます。また、球根から出る物質には、穴を掘るネズミやモグラを寄せつけない効果もあります。ヒガンバナが土手や畦によく植えられているのは、そのためです。

　ところが、こんなに役に立つのに、ヒガンバナは死人花、幽霊花など不吉な別名で呼ばれます。もしかすると大切な救荒植物を取られないようにするために、子どもたちを脅かして禁忌を守ったのかもしれません。

NARA
KIHACHI.

寂しい秋の風景

ワレモコウ

田んぼの畦で、ワレモコウの花が秋風に揺れています。けっして華やかな花ではありませんが、素朴な花は、何とも味わい深く、日本の秋の風景によく似合います。

ワレモコウの花穂の色合いは複雑です。赤茶色、赤黒色、濃赤色、赤紫色とさまざまな表現ができそうです。

ワレモコウは漢字では「吾亦紅」と書くことが多いですが、一説によると「吾もまた紅なり」とワレモコウ自身が唱えたことが名前の由来であるといわれています。確かに、ワレモコウは控えめな花ですが、しっかりとした存在感があり、よく目立ちます。

ワレモコウは日当たりの良い草地に生える植物です。畦は、丹念に草刈りが行われるために、特定の大きな植物が繁茂することができません。そのため、さまざまな草花が共存する良好な草地環境となるのです。オミナエシやカワラナデシコなどの秋の七草も、畦の草地に見ることができる草花です。

草刈りに依存する畦の草地環境では、草刈りの時期や回数などが植物の種類に大きく影響します。昔の人は草刈りの方法を変えることによって、田んぼの肥料にするやわらかい草を生やしたり、牛の餌にするかたい草を生やしたりしたそうです。畦を刈ることは自然と上手に付き合うことでもあったのです。

最近では、ワレモコウや秋の七草の咲く畦がめっきり少なくなった気がします。自然との付き合い方が変わってしまったのかもしれません。

嫁のように美しい

ヨメナ

山野に生える有毒植物には「嫁殺し」という恐ろしい別名を持つものがいくつかあります。空腹に耐えかねた嫁が毒のある実を食べて命を落としたと伝えられ、そう呼ばれているのです。

また、別名を「嫁泣かせ」と呼ばれる植物もいくつかあります。これらの植物はいずれも、冬の終わりを告げ、春の訪れを知らせてくれる可憐な野の花ばかりですが、嫁にとっては、過酷な農繁期の始まりを告げる残酷な花でもあったのです。

嫁とつく植物には、秋の畦などに見られるヨメナがあります。一説には、その花が嫁のように優しく美しいことから「嫁菜」と名づけられたそうです。

また、春にはヨメナの新芽を摘んで、嫁菜飯を炊きます。その優しい味が、若菜を摘む嫁の初々しい姿を思わせることが名前の由来であるという説もあります。ヨメナの名前の由来はほかにも諸説ありますが、嫁の美しさや優しさが可憐な野菊を連想させたとしたら、とても素敵な名前です。

伊藤左千夫の小説『野菊の墓』に登場する野菊はヨメナであると考えられています。小説では野菊が田んぼのまわりの湿ったところに生えていることが描写されています。この条件に合う野菊はヨメナなのです。

キキョウやリンドウなど、秋の野に咲く花は紫色のものが少なくありません。紫色の花を好んで訪れるミツバチは、飛翔能力が高く、花粉を遠くまで運ぶことができます。そのため、紫色の花は群生しなくても、離れて咲くことができるのです。

秋の野にヨメナがひっそりと咲いているのは、そんな理由もあるのかもしれません。

畦道のど根性

チカラシバ

田んぼの畦に、ブラシのような大きな穂をつけたエノコログサのお化けを見つけたら、それはチカラシバです。

エノコログサは漢名を狗尾草（犬の尾の草）というのに対して、チカラシバは狼尾草（狼の尾の草）といいます。

エノコログサは、種子が落ちても穂にブラシのような剛毛が残ります。この毛は鳥などが穂の種子を食べるのを防ぐためなのです。ところが、チカラシバは種子に剛毛がついていています。チカラシバはその長い毛で動物の毛や人間の衣服にくっついて運ばれるのです。

チカラシバの名前は「力芝」に由来します。チカラシバの株を引き抜こうと、どんなに強く引っ張っても、びくともしません。この力強さから、力芝と呼ばれているのです。

隣り合うチカラシバの葉っぱを結んで輪を作ると、足を入れた人がつまずいて転ぶ罠ができます。子どもたちがこんないたずらができるのも、チカラシバが根をしっかりと張っているからなのです。

このチカラシバを結んだ輪は、引っ張っても簡単には切れないことから、男女の間を強く結びつける縁結びの願いを託して作られたことに由来するようです。

チカラシバは、ひげ根と呼ばれる細かい根っこを地面の下に張り巡らせます。この根っこで畦道の地面をしっかりとつかんで、土が崩れるのを防いでいるのです。

NARA—
KIHACHI・

敵か味方か

スズメ

稲穂が稔る頃になると、田んぼにカカシが立てられます。

カカシはスズメなどの鳥獣から田んぼを守るためのものです。

大昔は、髪の毛や魚の頭などを焼いた悪臭で鳥獣を退けました。そのため「嗅《か》がし」というのが、カカシの語源であるとされています。

カカシの敵といえば、何をおいてもスズメでしょう。スズメは、出揃った稲穂に群がっては、ついばんでしまう害鳥です。かつて中国では、人海戦術でスズメの駆除に取り組みました。ところが、その結果もたらされたものは、意外なことに豊作ではなく、凶作だったのです。

困り者のスズメも夏の繁殖期には、せっせと田畑の害虫を食べますし、餌のない冬場には、雑草の種子を食べて、雑草を減らします。そのため、スズメを駆除した中国では害虫が大発生してしまったのです。

大切な稲穂に害を与えるかと思えば、一方で害虫を食べてくれるスズメは、私たち人間の味方なのでしょうか、それとも敵なのでしょうか。

そもそも害鳥や益鳥という言い方は、人間が自分たちの都合で勝手に決めつけたものです。人間が農耕を始めるずっと前から、雑食性のスズメは草の穂をついばんだり、昆虫を食べたりして生きてきたはずです。

害鳥や害虫、害獣も、益鳥や益虫、益獣も、みんな自分たちの天命に忠実に生きているに過ぎないのです。

チュン
チュン
NARA-KIHACHI

イネよりも高級品

ススキ

秋のお月見には、月見団子や里芋などの秋の収穫物と共にススキの穂を供えます。

昔は、季節の節目ごとにススキを飾りました。小正月には、田んぼにススキを立ててお供えをしたり、田んぼに水を入れる水口祭りや初田植えには、水口にススキを飾ったりしたのです。

かつてススキはイネの豊作の象徴でした。ススキの名は「すくすく育つ木」に由来するといいます。人々はススキの穂を稲穂に見立てて、イネがすくすくと育つ豊穣を祈ったのです。

さらに、手を切りやすい葉を持つススキには魔よけの意味もありました。

ススキの葉には、ガラス質のトゲがのこぎりの歯のように並んでいます。

また、ガラスと同じ成分のケイ酸をたくさん蓄積しているので、葉だけでなく茎もかたくて丈夫です。

昔は丈夫で耐久性のあるススキの茎でかやぶき屋根を作りました。そして、ススキがない家では、稲藁《わら》でわらぶき屋根を作りました。ススキはイネよりも高級な植物だったのです。

草で作った屋根は、粗末な感じもしますが、かやぶき屋根は、現代の建築資材と比べても断熱性や保温性、通気性、吸音性の点で優れています。

しかも、昔の家屋は、囲炉裏の煙がかやぶきの屋根をいぶして、ススキの茎が虫に食べられたり、腐ったりするのを防ぎました。かやぶき屋根は、じつに合理的だったのです。

NARA-
KIHACHI.

稲荷神社にキツネが祭られる理由

キツネ・タヌキ

「稲荷」という名前のとおり、稲荷神社は、もともとは豊作をつかさどるイネの神様です。神社によっては、稲成や稲生と書いて「いなり」と読む神社もあります。

しかし、時代を経て商業が盛んになるにつれて、豊作の神様であった稲荷は、商売繁盛の神様とされていったのです。

稲荷神社の使いとされているのがキツネです。古来、キツネは神聖な存在とされてきました。キツネは穀物を食い荒らすネズミを退治してくれるので、大切にされてきたのです。

また昔は、春になると田んぼの神様が山から里へと降りてきて、秋になると再び山へ戻ると考えられていました。そのため春になると里へ下りてくるキツネは、田んぼの神様の使いとされていたのです。

かつて日本では、万物に神が宿ると考えられており、人々はすべての動物に畏敬の念を抱いていました。

ところが、中世になって稲作が発達すると、その役割によって身分の違いが生じてきます。そして、ネズミを食べる益獣であったキツネは、見事に稲荷神の使いとしての地位を手に入れたのです。

一方、役割がはっきりしない雑食性のタヌキは、神の使いになることができませんでした。そこで、タヌキに対する畏敬の念は失われ、畏怖だけが残りました。そして、タヌキの地位は転落し、やがては山中の妖怪として扱われるようになってしまったのです。

稲荷
NARA-
KIHACHI.

物知りなカカシのお供
ヒキガエル

稲刈りが終わると、役目を終えたカカシを庭先に立てて、餅などをお供えする行事を行います。「カカシ上げ」です。

田んぼを守るカカシは田んぼの神様の依代《よりしろ》です。春に田んぼにやってきた田の神様は、稲刈りが終わると、山に帰るとされています。地域によっては、このときに、お供えの餅を背負って、ヒキガエルがお供をすると伝えられています。

カカシとヒキガエルのつながりは古く、『古事記』にも記載されています。カカシの古名である久延毘《くえび》古《こ》という神は、足が不自由で動けませんが、天下のことをよく知る知恵者でした。そこでヒキガエルは、海から近づいてくる小さな神の名前がわからなかった神々に、「久延毘古であれば必ず知っているであろう」と助言したのです。

田の神様が山から田んぼへやってきて、再び山へと帰るように、ヒキガエルもまた同じように山と田んぼとを行き来します。

ヒキガエルは山の雑木林に棲んでいますが、春になると田んぼにやってきて卵を産みます。そして、産卵を終えると再び山へと戻っていくのです。また、田んぼで生まれた子ガエルも、雑木林へと上がっていきます。

ヒキガエルは他のカエルのようにピョンピョン跳ぶことはせず、のそのそとゆっくり歩いて移動します。また、ヒキガエルの移動距離は、数キロにも及ぶといいます。

まさに田の神様のお供をイメージさせるのにふさわしい存在です。

山
田
NARA-
KIHACHI.

たたいて豊作祈願

モグラ

旧暦十月に行われる十日夜や亥の子の行事、あるいは新年の小正月には、わらを束ねたわら鉄砲で地面をたたきつける「もぐら打ち」と呼ばれる風習が各地で行われます。

モグラは地中の虫を食べて暮らしているので、農作物を食い荒らすようなことはありません。むしろ、コガネムシの幼虫や根切り虫などの害虫を食べてくれる一面もあります。ただし一方では、畑の土を掘りまわっては作物の根を傷めたり、田んぼの畦に穴をあけて、畦を崩したりしてしまいます。もぐら打ちには、そんなモグラを追い払いたい思いが込められています。

最近では振動でモグラを寄せつけないペットボトルの風車が、畑に立てられているのをよく見かけますが、もぐら打ちも同じような効果があるのかもしれません。

もっとも、もぐら打ちの行事は、田畑ではなく、家々の庭をたたいて回りますから、実際にはモグラを追い払うよりも、地霊を鎮めて、無病息災や豊作を願うための儀礼的なものです。

ところで、田んぼの畦に咲く彼岸花も、モグラよけのために植えられたと考えられています。彼岸花は飢饉のときの救荒作物として、古い時代に日本に伝来し、各地で植えられました。ところが、彼岸花の根から出る物質がモグラや餌となるミミズを忌避する効果があるために、畦に多く植えられたとされているのです。

昔の人は、こうして地面の下の見えない相手と戦ってきたのです。

NARA-
KIHACHI.

田んぼと山のつながり

ハンノキ

田んぼの畦に木が並んで植えられていることがあります。ハンノキはよく見かける樹種の一つです。幹がまっすぐに伸びるので、ハンノキとハンノキの間に竹などを渡してイネを干す稲架けのハザとして使われました。広々とした越後平野のハンノキの並木は有名です。

ハンノキの役割は、単にイネを干すだけではありません。ハンノキの根には放線菌が共生し、空気中の窒素固定を行うことができるため、やせた土地でも育つことができます。

そのため、落ち葉や草など山からの肥料を得にくい平野部では、ハンノキの枝葉は貴重な肥料にもなりました。

ハンノキは湿地性の植物で水に強いのが特徴です。もともとハンノキは、沢の周辺の湿地を好むため、山の田んぼのまわりにもたくさん生えていました。それを平野部の湿地を開墾して田んぼにするときに、田んぼの畦に植えたのです。

湿地を好むために、ハンノキが生えているということは水があることの目印になります。そのため、ハンノキを探して山の田んぼを開墾する場所を選ぶこともありました。

ハンノキの名前は、開墾する場所に生える木という意味の「墾《はり》の木」に由来するという説もあります。

「ハンノキの花多き年に不作なし」という言葉もあります。山と田んぼのつながりを象徴する存在であるハンノキから、昔の人はその年の気候を読み取っていたのでしょう。

第4章

生きものとイネに冬来たりなば

静かな冬の季節を迎える田んぼ

生きている稲株

ひこばえ

稲刈りが終わっても稲株はしっかりと生きています。イネの刈り株から青々とした茎が伸びて、まるで田植えの後のように見えることがあります。よく見ると、茎を失ったイネの刈り株の脇から新たな茎が伸びています。これは、「蘖」と書いて「ひこばえ」や「ひつじ」と呼ばれているものです。

原産地の熱帯地域では、多年生の性質を持っています。日本でも暖かい地方では、ひこばえが大きく育って、穂をつけることもあります。

しかし、せっかく茎を伸ばしたひこばえも、やがてくる冬の寒さで枯れてしまいます。そして、田んぼは静かな冬の季節を迎えるのです。

稲刈りが終わった田んぼ。何もなくなってしまったように見えますが、イネがなくなってしまったわけではありません。刈り株がたくさん残っているのです。イネの刈り株を観察してみることにしましょう。

刈り株の、茎の断面を見てみると真ん中に穴があいています。これは、水中にある根に空気を送るためのものです。驚くことに、この空洞は、茎の中の組織が自分で崩壊することで作られます。

茎の真ん中の穴は空気を送るためのものです。それでは、根で吸った水や栄養分はどこを通るのでしょうか。

茎の断面をよく見ると、真ん中の大きな穴のまわりに小さな穴がたくさんあいています。水や栄養分はこの小さな穴を通って運ばれるのです。

NARA
KIHACHI.

イネは命の根

稲刈りの終わった田んぼに入って、イネの刈り株を抜いてみましょう。もっとも、株の根が大地をしっかりつかんでいるので簡単には抜けません。

イネの根はひげ根と呼ばれ、ひげのように細かい根がいっぱいついています。この無数の根っこをすべてつなぎあわせるとどれくらいの長さになるでしょうか?

残念ながらイネでは調べられていませんが、同じイネ科のライムギで調査された結果によると、驚くことに一株の根の全長は、六二二・七キロにもなったそうです。これは東京から大阪までの距離を上回る長さです。

さらに、細かな根毛まで含めると一万二〇〇〇キロにもなったそうです。これは、地球の直径一万二八〇〇キロに迫る長さです。ライムギは一株でこんなにもたくさんの根を地面の下に張り巡らせているのです。おそらくイネの根の長さも大きくは違わないことでしょう。イネがたくさん育つ田んぼの土の中では、いったいどれだけの根が伸びていることでしょう。

根っこは目に見えませんが、イネの生長にとってはもっとも重要な器官です。貝原益軒という人は、その書物『日本釈名』の中で「稲は命の根なり」といいました。

米は日本人の重要な主食です。また、稲作はさまざまな日本の文化を形作ってきました。昔から、私たち日本人の暮らしにとって「イネ」はまさに「根っこ」だったのです。

イネの根

餅になった白鳥

ハクチョウ

冬の訪れとともに、遠くシベリアの大地からハクチョウが飛来します。ハクチョウは冬の田んぼで落ち穂をついばみます。

空と地とを行き来するハクチョウは、昔は神の使いとされてきました。そのため、ハクチョウにはさまざまな伝説が残されています。

飢饉のときに、ハクチョウが餅となって人々を飢えから救ったという話もあります。また、長者が餅の上を歩いたり、餅を的にして矢を射ったりして粗末にすると、餅がハクチョウに姿を変えて飛び去り、長者の田んぼは米が稔らなくなったという話も各地に伝えられています。

餅がハクチョウに変身するというのは、荒唐無稽な感じもしますが、ハクチョウと餅とは共通点もあります。

生物の中には突然変異によって、まれに白い個体が生まれることがあります。

古代人にとって「白」は清浄を表す神聖な色でした。そのため、白いカラスや白いキツネ、白いヘビなど白変種の個体は神の使いとして神聖視されてきたのです。

ハクチョウの白い色は、この白変種に由来し、雪の中で目立たない保護色として適応を遂げたものだと考えられています。

一方白い米も、もともとは赤米が色素を失った突然変異であったと考えられています。昔の人にとって、純白の米は単なる食べ物ではなく、神聖なものでした。

そして、米を凝縮して作った餅は、神秘的な力があると信じられていたのです。

人と水鳥が育むもの

ハクチョウ・カモ・ガン

冬になると遠く北の国から、ハクチョウやカモ、ガンなど、さまざまな水鳥が日本にやってきます。水鳥は、シベリアの厳しい寒さを避けて、比較的暖かな土地で冬を越すのです。

数千キロもの、長く過酷な旅を成し遂げた渡り鳥が頼りにしているのが、日本の田んぼです。渡り鳥は、田んぼにやってきて落ち穂や雑草の種などを食べます。田んぼは、渡り鳥にとって大切な餌場なのです。

見晴らしの良い田んぼは、野鳥を観察するのに最適です。

稲刈りの終わった田んぼで、バードウォッチングを楽しんでみてはいかがでしょうか。海外から飛来した渡り鳥でにぎわう田んぼは、まるで世界各国の旅客機が集まる国際空港を見るようです。

かつて渡り鳥は、干してあるイネを食べてしまう害鳥として嫌われてきました。しかし、渡り鳥の減少が問題になる中で、渡り鳥は豊かな自然のシンボルとして見直されつつあります。

最近では、冬の田んぼに水を張って、渡り鳥のねぐらを作る試みも各地で行われています。

一方、田んぼに暮らす水鳥が米作りに一役買っていることもわかってきました。火山灰土壌が多い日本の土壌は、リン酸が少ないという欠点があります。ところが、リン酸を多く含む水鳥の糞が、田んぼの肥料となるのです。

こうして人と水鳥とは、共にイネを育み、共に田んぼを暮らしの場としてきたのです。

NARA
KIHACHI.

赤ちゃんはどこからくるの？

コウノトリ・トキ

赤ちゃんは、どこからやってくるのでしょうか。イギリス北部では赤ちゃんはキャベツから生まれます。一方、日本では赤ちゃんはコウノトリが運んでくるといわれています。

もっとも、コウノトリが赤ちゃんを運ぶという伝承も、もともとはヨーロッパのものです。また、正確には近縁のヨーロッパコウノトリという種類です。

日本では、コウノトリはほとんど姿を消してしまいました。そして、気のせいか日本の出生率も減ってしまったようです。

コウノトリは田んぼでドジョウやカエルなどを餌にしています。ところが、農薬の普及により田んぼから生きものがいなくなり、コウノトリは棲みかを奪われてしまったのです。

ニッポニア・ニッポンという日本の象徴的な学名を持つトキも、コウノトリと同じような運命をたどった鳥です。

現在、コウノトリやトキを増殖し、野生復帰させる活動が行われています。

しかし、単に雛を育てて放鳥するだけでは問題は解決しません。コウノトリやトキが餌をとれるような田んぼを復活させなければならないのです。

そのため、ドジョウやカエルがたくさんいる田んぼ作りが試みられています。

生きものがいる田んぼは、私たち人間にとっても魅力的です。そのため、生きものが豊富な田んぼで作ったお米をブランド化する「生きものブランド米」の取り組みが各地で始まっています。生きものの存在は田んぼに新たな価値を与えはじめているのです。

NARA
KIHACHI.

優雅に舞う冬の貴婦人

タゲリ・ケリ

冬の田んぼの上を「ミューミュー」とネコのような声で鳴きながら飛んでいるのはタゲリです。

飛んでいる姿を見ると白色と黒色が目立ちますが、田んぼに下り立って羽を閉じると、光沢のある美しい緑色の羽に身を包み、頭の上に上品な飾り羽をかぶっていることに気がつきます。タゲリは、その美しい姿から「冬の貴婦人」と呼ばれています。

けっして派手な鳥ではありませんが、殺風景な冬の田んぼでタゲリの美しい姿はよく目立ちます。そのためか「豊作を招く鳥」ともいわれているそうです。

タゲリはユーラシア大陸からやってくる渡り鳥です。夏の間、大陸の草地で過ごしたタゲリは、冬を日本の田んぼで過ごすのです。

田んぼを蹴りながら歩いて、土の中の虫を食べるようすから、「田蹴り」が語源ともいわれていますが、古くはナベケリやイヌケリなどの異名があったとされています。まさか鍋や犬を蹴ったとは思えませんから、ケリという鳥に似ていることから「田んぼのケリ」の意味で名づけられたという説が正しそうです。

ちなみに本家のケリは鳴き声が「ケリケリケリ」と聞こえることから名づけられました。もっともケリも田んぼを棲みかとしているため、ケリとタゲリがいっしょに見られることもあります。

しかし最近では、ケリやタゲリの光景が見られる田んぼが、めっきり少なくなっています。

めでたい鶴の謎

タンチョウ・コウノトリ

タンチョウというと北海道の湿原のイメージがありますが、江戸時代には冬季になると本州に渡ってきて、各地の人里近くの田んぼや湿地でその姿が見られました。

タンチョウは落ち穂や、カエルなどを餌にするため、本来は、田んぼもまたタンチョウにとって重要な餌場となるのです。歌川広重の浮世絵には、現在の東京近郊で見られたタンチョウの姿が描かれています。

ところが、肉が美味であることから、明治時代以降に乱獲されて、一時は絶滅したものと考えられていました。ところが、釧路湿原にわずかな個体が生き残っていることが発見され、その後、特別天然記念物指定種として保護が図られています。

「鶴は千年亀は万年」といわれ、ツルは長寿のシンボルになっています。さすがに千年はいきませんが、タンチョウの寿命は三〇年といわれていますから、鳥の中ではかなりの長生きです。

白と黒の体と頭の赤の鮮やかな色彩と、優美で気品ある姿から古来より瑞鳥として尊ばれ、おめでたい図柄として松の枝に止まる図案が見られます。ところが、タンチョウの足は木の枝をつかむことができません。そのため、「松に鶴」のツルは、木の枝に止まるコウノトリであると考えられています。

ちなみに、『鶴の恩返し』のツルもコウノトリであるという説があります。コウノトリは声を出して鳴くことができないので、くちばしをカタカタと鳴らして音を出します。この音が機織り機の音に似ていることから、ツルが機を織る民話が作られたのではないかと考えられているのです。

冬の間も休まない

イトミミズ

夏の間は水をたくわえていた田んぼも、冬の間は田んぼの水を抜いて乾かします。田んぼの土がドロドロしていると、春からの作業がしにくいからです。ところが、冬の間に水をためている田んぼがあります。「冬水田んぼ」と呼ばれるこの田んぼは、冬の間やってくる水鳥たちのねぐらとするために、冬の間も水を張っているのです。

世界的に湿地が少なくなっている現在では、冬に水を張った田んぼは、水鳥の重要な棲息地として国際的に評価されています。

効果はそれだけではありません。冬水田んぼでは、田んぼに発生する雑草が少なくなることが知られています。どうしてでしょうか。

水を張った田んぼには小さなイトミミズが発生します。イトミミズは頭を泥の中に突っ込んで土の中の有機物を食べます。そして、泥の外に糞をしていくのです。

こうしたイトミミズの営みによって田んぼの土は細かくなり、クリームのようにやわらかな層が土の表面を覆いつくすのです。この結果、雑草の種子が埋没し、発生が抑えられます。また、泥がやわらかいので、芽生えた雑草が根付くことができずに抜けてしまうのです。

この効果が注目され、冬水田んぼは各地で取り組まれていますが、もともと古い農書では「田冬水」と呼ばれ、冬に水をかけるとイトミミズが増えて、土が肥えることが記されています。冬水田んぼは、まさに、温故知新と呼ぶにふさわしい田んぼなのです。

NARA-
KIHACHI.

水を守り、家を守る

ヘビ

急峻な地形を流れ落ちる日本の河川は急流です。雨が降れば、川はたちまち増水し、暴れ川と化して洪水を引き起こします。かつて日本には、そんな氾濫原の湿地が広がっていたのです。

長い歴史の中で、人々はそんな湿地を田んぼに作り変えていきました。田んぼを作るためには、川の水を引き、水路を張り巡らせて、田んぼの隅々にまで行き渡らせる必要があります。こうして田んぼを拓くことによって、山に降った雨は一気に流れることなく、大地を潤しながら、ゆっくりと流れるようになったのです。

日本の国土に引かれた水路の長さは四〇万キロにもなるといわれています。これは地球を一〇周する距離に相当する途方もない長さです。

水は農作物を作るために不可欠ですが、多すぎる水も困ります。日本の国土にとって、田んぼを作る歴史は、激しい水の流れをコントロールすることにほかならなかったのです。

水辺に見られ、蛇行する川の流れをイメージさせるヘビは、水を治める水神の化身とされてきました。

また、ヘビはネズミなどの害獣を食べる役割があり、さらに、脱皮が不死と再生を連想させることから、神聖な存在とされてきたのです。

お正月に飾る注連縄《しめなわ》は二匹のヘビが交尾する姿を模したものだとする説があります。また一説には、鏡餅もヘビがとぐろを巻いている姿であるとされています。

今では嫌われ者のヘビも、かつては信仰の対象だったのです。

NARA-
KIHACHI.

新春の空に願う

トンボ類・カトリヤンマ

女の子の初正月にはお守りとして羽子板を贈る風習があります。

お正月の羽根突きは単なる子どもの遊びではありません。羽根突きには、子どもたちの無事を祈る魔よけの願いがこめられているのです。

羽根突きの羽根についた黒い玉はムクロジの種です。ムクロジは漢字では「無患子」と書きます。ムクロジの果皮はサポニンを含むので、水に浸しておくと洗剤液ができます。汚れを落とす力は魔よけの木と信じられ、「子の患いが無い」という意味が名づけられたのです。

また、羽根突きの羽根が舞うようすは、害虫を食べるトンボが飛ぶ姿に見立てられました。そして、病気を媒介するカから子どもたちを守るために、無病息災の行事として行われたのです。

「とんぼ」の語源は、「田んぼ」であるという説があります。実際に田んぼからは多くの種類のトンボが生まれます。

田んぼで生まれるトンボに「カトリヤンマ」がいます。その名のとおり、夕方になると飛びまわって蚊を捕食するのです。カトリヤンマは、湿った土に卵を産み、卵で冬を越します。そして春になって水が入ると、ヤゴになるのです。この生活史は、田んぼの環境によく合っています。

ところが、寂しいことに、カトリヤンマは激減し、その姿はあまり見られなくなっています。そして、着物姿の女の子たちが羽根突きをする正月の光景もまた、過去のものになりつつあるようです。

福
NARA KIHACHI.

めでたい田の草

オモダカ・クワイ・クログワイ

代表的な田んぼの雑草にオモダカがあります。オモダカは「面高」の意味です。水の上に高く突き出した葉っぱが、顔に見えることから、顔を高々と掲げているという意味で面高と名づけられました。

田んぼでは困り者の雑草であるオモダカですが、意外なことに昔の人は、家紋として好んで使いました。オモダカをデザインした家紋は八〇種類もあり、日本十大紋の一つにされています。

オモダカの名は「面目が立つ」に通じることや、葉の形が矢尻や楯などの武具に似ていることから、勝ち草と呼ばれ、武家の家紋として好んで用いられたのです。

このオモダカを改良して作った野菜が、正月に食べるクワイです。クワイはオモダカの変種で、植物としてはまったく同じ種です。

クワイは長い芽を持つことから「芽が出る」といわれて、縁起物にされてきたのです。

クワイは「食べられるイグサ（食藺）」に由来する言葉です。もともとクワイは、イグサに似た葉を持つ水田雑草のクログワイを改良した野菜を指しました。ところが、やがてオモダカを改良した野菜をクワイと呼ぶようになったのです。クログワイを改良した野菜は、今でも中国では野菜として食べられています。

田んぼの雑草も、縁起の良い勝ち草となったり、めでたい野菜になったり、さまざま利用法があるものです。

NARA KIHACHI.

豊作を占う鳥

カラス（ハシブトガラス・ハシボソガラス）

ハシブトガラスは、もともと森林に棲むカラスですが、最近では都会を棲みかとしています。これに対して、ハシボソガラスは、農村を棲みかとしています。よく田んぼで見られるのはハシボソガラスです。

「お手々つないで　皆帰ろ　烏と一緒に　帰りましょう（夕焼け小焼け）」

「可愛い　可愛いと　烏は啼くの　可愛い　可愛いと　啼くんだよ（七つの子）」

現代では何かと邪魔者扱いされているカラスですが、童謡では愛らしい存在として歌われています。かつては、こんなにも美しい風景が農村にあったのです。

ゴミをあさったり、農作物を荒らしたり、困り者のカラスですが、昔は大切にされていました。

正月には、田んぼにカラスを呼び寄せて米や餅を与え、カラスがどの供え物を食べるかによって豊作を占う「烏勧請《からすかんじょう》」と呼ばれる行事があります。

カラスは天と地とを自由に行き来できるので、神様の使いだと考えられていたのです。

そういえば、日本サッカー協会のシンボルマークも、太陽神の使いとされる三本足の八咫烏《やたがらす》でした。

よく知られているように、身近なカラスには、ハシブトガラスとハシボソガラスの二種類がいます。ハシブトガラスはその名のとおり、くちばしが太く、カァカァと澄んだ声で鳴くのが特徴です。一方、くちばしの細いハシボソガラスは、ガァガァとにごった声で鳴きます。

ガァー
ガァー
NARA-KIHACHI.

七草の願い

春の七草(セリ・ナズナ・ハハコグサ・ハコベ・コオニタビラコ)

一月七日は七草の節句です。この日には、春の七草を入れた七草粥を食べます。

七草粥は、野菜が少なくなる冬の間に欠乏しがちなビタミンを補給したり、正月の料理やお酒で疲れた胃腸を癒やす効果があったと考えられています。

七草は、「せり、なずな、ごぎょう、はこべら、ほとけのざ、すずな、すずしろ、これぞ七草」の四辻左大臣の歌が有名です。セリとナズナ以外は聞きなれない名前が並びますが、現在の名前では、ごぎょうはハハコグサ、はこべらはハコベ、ほとけのざはコオニタビラコです。

すずな、すずしろはそれぞれ、ダイコン、カブのことですが、その他の五種はいずれも田んぼの中や田んぼのまわりに生える雑草ばかりです。

七草は、古くは米やアワ、キビ、ヒエ、アズキなどの穀物を用いていましたが、やがて若菜摘みの行事と結びつきました。

正月に七草を食べると一年間無病息災で過ごせるといわれます。春の七草に数えられる植物は、厳しい冬の寒さに耐えて青々と葉を広げているものばかりです。この七草の生命力が邪気を払うと信じられていたのです。

七草粥を作るときには「七草なずな、唐土の鳥が日本の国に渡らぬうちに」と歌いながら七草を刻みます。七草の行事は作物に害を与える鳥を追い払う鳥追いの役割もあったのです。ちなみに、唐土の鳥は、頭が九つある鬼車鳥《きしゃちょう》という中国の伝説の鳥です。

NARA-
KIHACHI.

四つの顔を持つ雑草

セリ

「せり、なずな、ごぎょう、はこべら、ほとけのざ……」

春の七草で一番、最初に歌われているのがセリです。

セリは競り合って勢いよく伸びることから、「競り」と名づけられました。また、セリは他の野草のように、手で摘みとることが難しく刃物で切り取ったため、草冠に斤《おの》と書いて「芹」という漢字になったのです。

次々に茎を伸ばしてどんどん増えるセリは、困り者の田んぼの雑草です。しかし一方では、昔から食用にされてきました。

セリは、育った場所によって、清流で育った水ゼリと、田んぼで育った田ゼリがあります。水ゼリと田ゼリは育った環境が違うだけで、どちらも同じ植物ですが、田んぼで育った田ゼリのほうが、セリ独特の風味が強くおいしいとされています。

春の野草として採取されるだけでなく、セリは、田んぼを利用した栽培も行われてきました。平安時代の書物にはすでにセリの栽培方法が記載されているそうです。

さらに、セリはさまざまな薬効を持つ薬草としても知られています。独特の香り成分は、胃の働きをよくして、食欲を増進させる効果があります。正月に疲れた胃腸に、セリの入った七草粥を食べるのは利にかなっているのです。

こうしてセリは、同じ植物であっても、人間の見方によって、雑草、野草、野菜、薬草とさまざまに扱われながら、田んぼで暮らし続けているのです。

比べてしまうと鬼になる

コオニタビラコ

春の七草で「ほとけのざ」と歌われている植物は、シソ科のホトケノザではなく、キク科のコオニタビラコです。

シソ科のホトケノザは、茎を取り囲む葉が、仏様が座る蓮華座に似ていることから、「仏の座」と名づけられました。これに対して、キク科のホトケノザは、地面の上に広げる葉の形が蓮華座に似ていることから、名づけられました。

コオニタビラコは湿った冬の田んぼの中に生える雑草ですが、最近ではめっきり数が減ってきています。七草をそろえるのもなかなか難しくなっているのです。

コオニタビラコは、田んぼに小さな葉を平らに広げているようすから「田平子」と呼ばれていました。

ところが、田んぼのまわりの野原には、体の大きなタビラコの仲間がいました。そのため、この植物は鬼のように大きなタビラコという意味で、オニタビラコと呼ばれるようになったのです。

それだけではありません。よく目立つオニタビラコに対して、ひっそりと咲くタビラコは、いつの頃からか、オニタビラコの仲間で小さなやつと見られるようになりました。そして、ついには、コオニタビラコ（小鬼田平子）という長い名前をつけられてしまったのです。

オニタビラコとコオニタビラコは、お互いに比べられた挙句に「鬼」と「小鬼」にされてしまいました。どちらもかわいらしい魅力的な野の花です。けっして比べることはなかったのです。

お米の名コンビ

ダイズ（あぜ豆）

「鬼は外　福は内」

節分には豆まきをして鬼を追い払います。節分にまく豆は大豆を炒ったものです。

昔は「あぜ豆」といって田んぼのまわりの畦に大豆を植えて育てました。

大豆の根を見てみると、根に丸いつぶつぶがついています。このつぶの中には、空気中の窒素を取り込んで、栄養分を作り出す根粒菌というバクテリアが共生しています。そのため大豆は、肥料分の少ない場所でも育つことができるのです。

日本の主食である米は炭水化物を含み、栄養バランスに優れた食品です。一方、大豆は「畑の肉」といわれるほど、たんぱく質や脂質を豊富に含んでいます。そのため、お米と大豆を組み合わせると三大栄養素である炭水化物とたんぱく質と脂質がバランスよくそろいます。

さらに、米はアミノ酸のリジンが足りませんが、そのリジンを豊富に含んでいるのが大豆です。一方、大豆にはアミノ酸のメチオニンが少ないのですが、米にはメチオニンが豊富に含まれています。

そのため、日本人は昔から、米と大豆を組み合わせて食生活を組み立ててきました。ごはんにみそ汁というのは代表的な米と大豆の組み合わせです。さらに、ごはんに納豆、お餅にきなこ、せんべいにしょう油、日本酒に冷や奴、そして稲荷寿司など、私たちが昔から親しんできたこれらの料理は、みんなお米と大豆の組み合わせです。

まさに米と大豆は日本の食を支える名コンビだったのです。

スプーン一杯の大宇宙

田んぼの土の中にはさまざまな微生物がいます。一般に、スプーン一杯の土の中には何億とも、何十億ともいう微生物がいるというから驚きです。

目には見えないほど小さな存在ですが、微生物は有機物を分解して土の中の栄養を作ったり、土の物理構造をよくしたりするなど、大切な働きをしています。

微生物は種類も働きもさまざまで、人間が分類できている微生物は、まだほんのわずかに過ぎないと考えられています。

なかには意外な能力を持つものもいます。田んぼに住む脱窒菌というバクテリアは、窒素分を分解して空気中に窒素として放出する能力を持っています。

昔は、せっかくの肥料分を失わせるため問題でしたが、現代では窒素分を浄化して水をきれいにする役割が評価されています。田んぼは水をきれいにする機能がありますが、その一つは脱窒菌の働きによるものなのです。

脱窒菌・納豆菌

昔から利用されてきた微生物もいます。ゆでた大豆を稲わらに包んでおくと、大豆が発酵して納豆ができます。これは稲わらを餌にして分解する納豆菌というバクテリアが大豆を発酵させるためです。納豆菌は酵素で大豆のたんぱく質や炭水化物を分解して、アミノ酸や多糖類などさまざまな成分を作り出すのです。

納豆菌の働きのすばらしさもさることながら、納豆菌を見いだして、巧みに利用した古人の知恵にも脱帽です。

人と自然の最高傑作

ヒト（人間）

田んぼにはさまざまな生きものの営みがあります。それでは、もっとも田んぼとかかわりのある生きものは何でしょうか？

それは、私たち人間です。

田んぼは人間が、食糧となる米を栽培するための場所です。つまり、人工的な環境なのです。

しかし、田んぼには、多くの生きものたちが集まってきています。そこは生きものたちにとって、かけがえのない棲みかなのです。

田んぼの環境は、人と自然とが長い時間をかけて創り上げてきた調和の産物です。だからこそ私たちは、人工的であるはずの田んぼに豊かな自然の風景を感じずにいられないのです。田んぼのように人の手が加わった自然環境は「二次的自然」と呼ばれています。

原生林の自然はとても美しいものです。しかし、人はそんな深い森に畏怖感を覚えてしまいます。田んぼのようななつかしさや親しみは、そこにはありません。

最近では、美しい田んぼの風景写真がよく撮られますが、写真の多くには人の姿が写されています。畦道で休むおばあさんや、田仕事をしている男の人、田んぼのまわりで遊ぶ子どもたち。田んぼのある風景には人の姿がよく似合うのです。

田んぼの風景は、自然の営みの中に人々の暮らしがあり、人々の暮らしの中に自然の営みがあります。田んぼの風景は人のいる風景なのです。

◆田んぼの生きものについて詳しく知りたい人のための参考図書

飯田市美術博物館編　2006『田んぼの生きもの　百姓仕事がつくるフィールドガイド』築地書館

今森光彦　2008『里山いきもの図鑑』童心社

内山りゅう　2005『田んぼの生き物図鑑』山と渓谷社

宇根豊・赤松富仁・日鷹一雅　1989『減農薬のための田の虫図鑑　害虫・益虫・ただの虫』農山漁村文化協会

角野康郎　1994『日本水草図鑑』文一総合出版

鹿児島の自然を記録する会編　2002『川の生きもの図鑑　鹿児島の水辺から』南方新社

近藤繁生・谷幸三・高崎保郎・益田芳樹『ため池の水田の生き物図鑑　動物編』トンボ出版

滋賀自然環境研究会編　2001『滋賀の田園の生き物』サンライズ出版

滋賀の理科教材研究委員会編　2005『やさしい日本の淡水プランクトン図解ハンドブック』合同出版

静岡県農林技術研究所編　2009『静岡県　田んぼの生き物図鑑』静岡新聞社

自然環境復元協会編　2000『農村ビオトープ』信山社サイテック

杉山恵一・中川昭一郎編　2004『農村自然環境の保全・復元』朝倉書店

農山漁村文化協会　2004『天敵大事典　生態と利用』農山漁村文化協会

農と自然の研究所　2009『田んぼの生き物指標』農と自然の研究所

農と自然の研究所　2009『田んぼの草花指標』農と自然の研究所

平野隆久・菱山忠三郎・畔上能力・西田尚道　1989『野に咲く花』山と渓谷社

前田憲男・松井正文　1989『日本カエル図鑑』文一総合出版

松井正文・関 慎太郎　2008『カエル・サンショウウオ・イモリのオタマジャクシハンドブック』文一総合出版

水谷正一　2007『水田生態工学入門』農山漁村文化協会

湊 秋作編　2006『田んぼの生きものおもしろ図鑑』農山漁村文化協会

メダカ里親の会　2004『田んぼまわりの生きもの　栃木県版』下野新聞社

守山 弘　1988『自然を守るとはどういうことか』農山漁村文化協会

守山 弘　1997『水田を守るとはどういうことか』農山漁村文化協会

守山 弘　1997『むらの自然をいかす』岩波書店

守山 弘　2000『生きものたちの楽園　田畑の生物（自然の中の人間シリーズ・農業と人間編⑤）』農山漁村文化協会

養父志乃夫　2005『田んぼビオトープ入門　豊かな生きものがつくる快適農村環境』農山漁村文化協会

タ

ナ

ハ

◆生きもの索引（五十音順）

田んぼは人と自然の共生の舞台

デザイン――寺田有恒
ビレッジ・ハウス
写真――稲垣栄洋　三宅 岳　熊谷 正
北野 忠　松野和夫　栗山由佳子　ほか
校正――山口文子

著者プロフィール

●稲垣栄洋（いながき ひでひろ）

1968年、静岡県生まれ。岡山大学大学院農学研究科修了。農林水産省を経て、静岡県入庁。現在、静岡県農林技術研究所・環境水田プロジェクトリーダー。農学博士。

著書に『雑草の成功戦略』(NTT出版)、『蝶々はなぜ菜の葉にとまるのか』(草思社)、『働きアリの2割はサボっている』(家の光協会)、『キャベツにだって花が咲く』(光文社)、『田んぼの営みと恵み』(創森社)など多数。

●楢 喜八（なら きはち）

1939年、樺太(現サハリン)生まれ。金沢美術工芸大学油絵科卒業。イラストレーター、絵本作家。挿絵・装丁・絵本、さらに個展・グループ展など幅広く活躍。1979年、講談社出版文化賞(さし絵部門)受賞。2004年、第１回田河水泡賞受賞(日本出版美術家連盟展)。

著書に『楢喜八の学校の怪談ベスト・コミックス』(講談社)。

田《た》んぼの生《い》きもの誌《し》

2010年３月19日　第１刷発行

著　　者――稲垣栄洋《いながきひでひろ》　楢《なら》 喜八《きはち》

発 行 者――相場博也

発 行 所――株式会社 創森社

〒162-0805 東京都新宿区矢来町96-4

TEL 03-5228-2270　FAX 03-5228-2410

http://www.soshinsha-pub.com

振替00160-7-770406

組　　版――有限会社 天龍社

印刷製本――中央精版印刷株式会社

 Printed in Japan ISBN978-4-88340-245-8 C0061

〝食・農・環境・社会〟の本

創森社　〒162-0805 東京都新宿区矢来町96-4
TEL 03-5228-2270　FAX 03-5228-2410
＊定価（本体価格＋税）は変わる場合があります

http://www.soshinsha-pub.com

農的小日本主義の勧め
篠原 孝 著　四六判２８８頁１８３５円

ブルーベリー ～栽培から利用加工まで～
日本ブルーベリー協会 編　Ａ５判１９６頁２０００円

週末は田舎暮らし ～二住生活のすすめ～
松田 力 著　Ａ５判１７６頁１６００円

ミミズと土と有機農業
中村好男 著　Ａ５判１２８頁１６８０円

身土不二の探究
山下惣一 著　四六判２４０頁２１００円

炭やき教本 ～簡単窯から本格窯まで～
恩方一村逸品研究所 編　Ａ５判１７６頁２１００円

雑穀 ～つくり方・生かし方～
古澤典夫 監修　ライフシード・ネットワーク 編　Ａ５判２１２頁２１００円

愛しの羊ヶ丘から
三浦容子 著　四六判２１２頁１５００円

ブルーベリークッキング
日本ブルーベリー協会 編　Ａ５判１６４頁１６００円

安全を食べたい
遺伝子組み換え食品いらない！キャンペーン事務局 編　Ａ５判１７６頁１５００円

炭焼小屋から
美谷克己 著　四六判２２４頁１６８０円

有機農業の力
星 寛治 著　四六判２４０頁２１００円

広島発 ケナフ事典
ケナフの会 監修　木崎秀樹 編　Ａ５判１４８頁１５７５円

家庭果樹ブルーベリー ～育て方・楽しみ方～
日本ブルーベリー協会 編　Ａ５判１４８頁１５００円

エゴマ ～つくり方・生かし方～
日本エゴマの会 編　Ａ５判１３２頁１６８０円

農的循環社会への道
篠原 孝 著　四六判３２８頁２１００円

炭焼紀行
三宅 岳 著　Ａ５判２２４頁２９４０円

農村から
丹野清志 著　Ａ５判３３６頁３０００円

この瞬間を生きる ～インドネシア・日本・ユダヤと私と音楽と～
セリア・ダンケルマン 著　四六判２５６頁１８００円

台所と農業をつなぐ
大野和興 編　山形県長井市・レインボープラン推進協議会 著　Ａ５判２７２頁２０００円

雑穀が未来をつくる
国際雑穀食フォーラム 編　Ａ５判２８０頁２１００円

一汁二菜
境野米子 著　Ａ５判１２８頁１５００円

薪割り礼讃
深澤 光 著　Ａ５判２１６頁２５００円

熊と向き合う
栗栖浩司 著　Ａ５判１６０頁２０００円

立ち飲み酒
立ち飲み研究会 編　Ａ５判３５２頁１８９０円

土の文学への招待
南雲道雄 著　四六判２４０頁１８９０円

ワインとミルクで地域おこし ～岩手県葛巻町の挑戦～
鈴木重男 著　Ａ５判１７６頁２０００円

一粒のケナフから
ＮＡＧＡＮＯケナフの会 編　Ａ５判１５６頁１５００円

ケナフに夢のせて
甲山ケナフの会 協力　久保弘子・京谷淑子 編　Ａ５判１７２頁１５００円

リサイクル料理ＢＯＯＫ
福井幸男 著　Ａ５判１４８頁１５００円

すぐにできるオイル缶炭やき術
溝口秀士 著　Ａ５判１１２頁１３００円

病と闘う食事
境野米子 著　Ａ５判２２４頁１８００円

百樹の森で
柿崎ヤス子 著　四六判２２４頁１５００円

ブルーベリー百科Ｑ＆Ａ
日本ブルーベリー協会 編　Ａ５判２２８頁２０００円

産地直想
山下惣一 著　四六判２５６頁１６８０円

大衆食堂
野沢一馬 著　四六判２４８頁１５７５円

焚き火大全
吉長成恭・関根秀樹・中川重年 編　Ａ５判３５６頁２９４０円

納豆主義の生き方
斎藤茂太 著　四六判１６０頁１３６５円

つくって楽しむ炭アート
道祖土靖子 著　Ｂ５変型判８０頁１５７５円

豆腐屋さんの豆腐料理
山本久仁佳・山本成子 著　Ａ５判９６頁１３６５円

スプラウトレシピ ～発芽を食べる育てる～
片岡芙佐子 著　Ａ５判９６頁１３６５円

玄米食 完全マニュアル
境野米子 著　Ａ５判９６頁１４００円

〝食・農・環境・社会〟の本

創森社　〒162-0805 東京都新宿区矢来町96-4
TEL 03-5228-2270　FAX 03-5228-2410
＊定価（本体価格＋税）は変わる場合があります
http://www.soshinsha-pub.com